城市污水处理与环境保护

张志明　主编

延吉・延边大学出版社

图书在版编目（CIP）数据

城市污水处理与环境保护 / 张志明主编. -- 延吉 : 延边大学出版社，2024. 7. -- ISBN 978-7-230-06936-6

Ⅰ. X703；X21

中国国家版本馆CIP数据核字第20243C41K9号

城市污水处理与环境保护

CHENGSHI WUSHUI CHULI YU HUANJING BAOHU

主　　编：张志明
责任编辑：王治刚
封面设计：文合文化
出版发行：延边大学出版社
社　　址：吉林省延吉市公园路977号　　邮　　编：133002
网　　址：http://www.ydcbs.com　　E-mail：ydcbs@ydcbs.com
电　　话：0433-2732435　　传　　真：0433-2732434
印　　刷：三河市嵩川印刷有限公司
开　　本：710mm×1000mm　1/16
印　　张：12.25
字　　数：200 千字
版　　次：2024 年 7 月 第 1 版
印　　次：2024 年 7 月 第 1 次印刷
书　　号：ISBN 978-7-230-06936-6

定价：70.00元

编 写 成 员

主　　编：张志明

副 主 编：蔡欢　周娟　王永超　梁其东　张海军

编　　委：黄刚　张瑞麟　韩志箫　杨光

编写单位：莱西市自然资源局

浙江求实环境监测有限公司

山东海纳环境工程有限公司

德州双蓝环保科技有限公司

日照城投集团有限公司

中国电子工程设计院股份有限公司

山东省德州生态环境监测中心

沧州渤海新区黄骅市生态环境局港城分局

德州市生态环境局武城分局

深圳华联伟创环保技术有限公司

前　言

随着城市化进程的加速推进，城市污水问题日益凸显，成为制约城市可持续发展的重要因素。城市污水是城市生活中不可避免的产物，其排放与处理直接关系到城市水环境的健康状况。然而，长期以来，由于污水处理设施建设滞后、处理技术落后等原因，一些城市污水往往未经有效处理就直接排放，导致水体污染严重，生态环境受到极大破坏。同时，城市污水中的有害物质还会通过食物链进入人体，对人们的健康构成潜在威胁。因此，加强城市污水处理，对于保护水资源、维护生态环境安全、保障人民健康具有重要意义。

环境保护是人类社会发展的永恒主题。城市是人类文明的聚集地，其生态环境状况直接影响到人们的生活质量和城市的可持续发展。随着人们对美好生活需求的不断提高，对生态环境的要求也越来越高。加强城市污水处理，减少污水对环境的污染，是改善城市生态环境、提升城市品质的重要举措。

在当前全球气候变化和资源紧张的大背景下，推动城市污水处理与环境保护工作更显得至关重要。提高污水处理效率、优化污水处理工艺等，不仅可以有效减少污水排放对环境的影响，还可以实现资源的循环利用，降低能源消耗，为应对全球气候变化和资源紧张问题做出贡献。

此外，城市污水处理与环境保护是推动经济社会可持续发展的重要抓手。随着环保意识的增强和环保政策的完善，越来越多的企业开始关注环保问题，积极投入污水处理和环境保护领域。这不仅有助于提升企业的社会责任感和形象，还可以为企业带来经济效益和市场竞争力。同时，城市污水处理与环境保护产业的发展也将为经济增长注入新的动力。

综上所述，城市污水处理与环境保护工作具有重要的现实意义和深远的历史意义。它既是保护水资源、维护生态环境安全的迫切需要，也是改善城市环境、提升城市品质的重要举措；既是应对全球气候变化和资源紧张问题的有效途径，也是推动经济社会可持续发展的重要抓手。

因此，我们应该高度重视城市污水处理与环境保护工作，推动相关工作不断取得新进展、新成效。

《城市污水处理与环境保护》全书共八章，字数 20 万余字。该书由莱西市自然资源局张志明担任主编，由浙江求实环境监测有限公司蔡欢、山东海纳环境工程有限公司周娟、德州双蓝环保科技有限公司王永超、日照城投集团有限公司梁其东、中国电子工程设计院股份有限公司张海军担任副主编。其中第三章、第四章、第五章、第六章、第七章及第八章由主编张志明负责撰写，字数 15 万余字；第一章、第二章由副主编蔡欢、周娟、王永超、梁其东、张海军负责撰写，字数 5 万余字。由编委黄刚、张瑞麟、韩志箫、杨光负责全书统筹，为本书出版付出大量努力。

在本书的编撰过程中，收到很多专家、业界同事的宝贵建议，谨在此表示感谢。同时笔者参阅了大量的相关著作和文献，在参考文献中未能一一列出，在此向相关著作和文献的作者表示诚挚的感谢和敬意！

张志明

2024 年 7 月

目　　录

第一章　城市污水概述 ………………………………………………………………… 1

第一节　城市污水的分类与特点 …………………………………………………… 1

第二节　城市污水对环境的影响 …………………………………………………… 6

第二章　城市污水处理概述 ……………………………………………………………11

第一节　城市污水水质指标及排放标准 ……………………………………………11

第二节　城市污水的处理 ………………………………………………………………16

第三章　城市污水的物理处理法 ………………………………………………………20

第一节　城市污水的截留分离 …………………………………………………………20

第二节　城市污水的沉淀分离 …………………………………………………………27

第三节　城市污水的除油与上浮 ………………………………………………………35

第四章　城市污水的生物处理法 ………………………………………………………37

第一节　活性污泥法 ……………………………………………………………………37

第二节　生物膜法 ………………………………………………………………………78

第五章　城市污水的生物处理技术 ……………………………………………………92

第一节　污水的厌氧生物处理技术 ……………………………………………………92

第二节　稳定塘处理技术……101
第三节　土地处理技术……108

第六章　城市污水的三级处理与深度处理……112

第一节　城市污水的三级处理……112
第二节　城市污水的深度处理……114

第七章　城市水环境保护……125

第一节　城市水环境概述……125
第二节　城市水环境保护规划……133

第八章　城市污水处理与环境保护……146

第一节　城市污水处理与环境保护概述……146
第二节　基于城市污水处理的城市环境管理……161
第三节　城市污水处理设施建设……173

参考文献……184

第一章　城市污水概述

第一节　城市污水的分类与特点

污水是指受一定污染的来自生活和生产的排出水。城市污水包括生活污水、工业废水和径流污水等，由城市排水管网汇集并输送到污水处理厂进行处理。城市污水的处理对象是污水中的有机成分、悬浮物以及病原体等。有些位于封闭性水域的城市的污水需要做进一步的处理以去除其中的营养盐成分磷和氮。在水资源匮乏的地区，还要求污水在处理后能够达到各种回用的标准。

一、城市污水的分类

（一）生活污水

生活污水是城市污水的重要组成部分，是居民日常生活中排出的污水，主要来源于居住建筑和公共建筑，如住宅、机关、学校、医院、商店、公共场所及工业企业卫生间等。

1.居民日常生活排水

居民日常生活排水是生活污水的主要来源之一。在日常生活中，无论是洗漱、沐浴还是厨房用水，都会产生大量污水。这些污水中含有各种有机物、无机盐、微生物以及其他杂质。随着社会经济的发展，居民生活水平的提高，居民日常生活污水的排放量也在逐年增加。

居民日常生活污水的特点在于其水质相对稳定，但有机物含量较高。这些有机物主要来源于洗涤剂、食物残渣等。如果不经过妥善处理直接排放，居民日常生活污水将会对环境造成严重的污染。

2.商业设施排水

商业设施如餐馆、酒店、购物中心等，在日常运营过程中也会产生大量污水。特别是餐饮业，其排放的污水中油脂、食物残渣等有机物含量极高，处理难度较大。此外，商业设施中还可能使用各种化学洗涤剂，这些物质进入污水后，会进一步增加其处理难度。

3.公共设施排水

公共设施是城市的重要组成部分，它们同样会产生大量污水。其中，学校和医院排放的污水中可能含有特殊的污染物，如医院排放的污水中可能含有药物残留和病菌，而学校实验室排放的污水中可能含有各种化学物质等。这些特殊污染物需要特殊的处理方法，以确保不会对环境和人类健康造成危害。

总的来说，生活污水是城市污水的重要组成部分，其排放量和成分复杂程度在逐年增加。要想有效处理生活污水，需要采用科学的方法和技术。

（二）工业废水

工业废水是城市污水的另一大来源，即工业生产过程中排出的废水，包括工艺过程用水、机器设备冷却水、烟气洗涤水、设备和场地清洗水等。工业废水中的许多污染物有颜色或易生泡沫，因此工业废水常呈现出令人厌恶的外观，并且散发异味。与生活污水相比，工业废水的成分更为复杂，处理难度也更大。

不同的工业生产过程会产生不同类型的废水。例如，纺织业可能产生含有大量染料、助剂等的废水，化工业可能产生含有重金属、有毒有机物等的废水，食品加工业可能产生含有高浓度有机物的废水等。这些废水如果未经处理直接排放，将对环境造成严重污染。

工业生产过程中产生的废水具有水量大、水质复杂多变等特点，其中含有的重金属、有毒有机物等对人体和环境都有极大的危害。因此，对工业废水的处理需要采用有针对性的技术和方法，以确保处理效果达到环保标准。

在工业生产中，机器设备冷却水、设备和场地清洗水也是比较常见的。这些水中可能含有油渍、金属碎屑等。虽然这些污水的污染程度相对较低，但仍然需要经过适当的处理后才能排放或回用。

工业废水的处理是城市污水处理的重要组成部分。由于工业废水的成分复杂且多变，因此需要采用多种处理方法的组合来达到理想的处理效果。政府和企业也需要加强合作，制定严格的排放标准并加强监管力度，以确保工业废水得到有效处理，减少对环境的污染。

（三）径流污水

在城市化快速发展的今天，径流污水已成为城市污水的一个重要来源。径流污水是由城市降水淋洗大气污染物和冲刷建筑物、地面、废渣、垃圾而形成的污水。径流污水的主要污染物有悬浮物、病原体、需氧有机物、植物营养素等。

随着城市化的推进，大量的建筑物、道路和其他城市设施的建设，使得城市地表的污染物日益增多。当降雨发生时，这些污染物很容易被雨水冲刷并带走。这些污染物包括但不限于油脂、重金属、塑料微粒以及其他各种固体废弃物。

特别是在工业区和交通繁忙的地段，雨水冲刷下来的污染物更多。这些污染物随雨水进入城市排水系统，最终可能未经处理就直接排入自然水体，对水生生态造成严重影响。此外，城市中的绿化植被、土壤等也可能因为长期的污染而含有一定污染物。当降雨时，这些污染物同样可能被雨水淋洗出来，进一步加剧城市污水的污染程度。

因此，对于径流污水，城市相关部门应给予足够的重视，可通过加强城市地表的清洁工作、优化城市排水系统的设计和管理、推广雨水收集和利用技术等措施，减少环境污染。

（四）其他污水

除了以上三种，城市污水还有其他的分类，如渗漏水。城市中的水管网络错综复杂，长时间的使用和老化可能导致水管出现渗漏现象。这些渗漏水往往含有一定的杂质和微生物，会污染周围的土壤和地下水。当这些被污染的水体进入城市排水系统后，就成为城市污水的一部分。此外，一些老旧的建筑物或地下设施也可能存在渗漏问题。这些渗漏水同样可能含有各种污染物，对城市水质产生影响。

为了减少渗漏水对城市水质的影响，城市相关部门应定期检查和维修城市水管网络和地下设施，确保其处于良好的运行状态。

城市污水的来源广泛且复杂，无论是生活污水还是工业废水，都需要得到妥善处理以保护环境和人类健康。随着科技的进步和人们环保意识的提高，相信未来我们能更好地管理和处理城市污水，为城市的可持续发展贡献力量。

二、城市污水的特点

城市污水的特点主要有以下几个：

（一）污染物种类繁多

城市污水中包含了多种类型的污染物。这些污染物主要来源于居民生活、工业生产、商业活动等多个方面。生活污水中常见的污染物包括有机物、细菌、病毒等。工业废水则可能含有重金属、有毒有机物、油渍等特殊污染物。此外，径流污水中有悬浮物、病原体、需氧有机物、植物营养素等污染物。这些污染物种类繁多，使得城市污水的水质复杂多变。

（二）污染物浓度波动大

由于城市污水的来源广泛且复杂，不同来源的污水污染物浓度差异较大。例如，生活污水中的有机物浓度通常较高，而工业废水中的重金属或有毒有机物浓度可能更高。此外，受降雨、季节变化、人类活动等因素的影响，同一来源的污水污染物浓度波动在某一时段也会比较大。这种浓度波动不仅增加了污水处理的难度，也对污水处理设施的稳定运行提出了更高要求。

（三）可能含有有毒有害物质

城市污水中可能含有对人体和环境有害的物质。这些物质包括但不限于重金属、有毒有机物、放射性物质等。这些有害物质的来源主要是工业生产、医疗废物等。如果这些有害物质未经有效处理直接排入环境，将对生态系统造成严重破坏，甚至威胁人类健康。因此，对于含有有毒有害物质的污水，必须采取更为严格的处理措施以确保环境安全。

（四）水量变化大

城市污水的水量受多种因素影响，包括季节、天气、人类活动等。在雨季，由于降雨增加，城市径流量增大，污水量也相应增加。而在旱季或干旱天气下，城市污水量可能会减少。此外，人类活动的变化也会对城市污水量产生影响。例如，在商业活动期间，由于人口流动量和用水量增加，城市污水量会相应上升。城市污水水量变化大这一特点要求城市污水处理设施具备足够的灵活性和调节能力以适应不同情况下的处理需求。

城市污水的水量在一天之内也会发生较大变化，具有高峰期和低谷期。通常，在早晨和傍晚的用水高峰期，城市污水量会达到峰值。而在夜间或午休时间等，用水量处于低谷期，城市污水量会相对较少。这种水量波动对污水处理设施的运行和管理提出了挑战。为了确保城市污水处理设施在高峰期能够正常运行并处理大量污水，城市相关部门应合理规划污水处理设施容量，制定合理的污水处理策略。在污水低谷期，城市相关部门也要考虑如何优化污水处理设施，以降低能耗和成本。

第二节　城市污水对环境的影响

一、对城市水环境的影响

城市污水对城市水环境的影响主要有以下几点：

（一）使水体富营养化

城市污水中含有大量的有机物，如生活污水中的食物残渣、油脂、洗涤剂残留等。这些有机物在水中分解时，会消耗大量的溶解氧，导致水体缺氧。当这些有机物含量超过水体的自净能力时，就会引起水体富营养化。

富营养化是一个严重的环境问题，它会导致藻类大量繁殖，形成“水华”。这些藻类在生长过程中会进一步消耗水中的溶解氧，使水生生物因缺氧而死亡。同时，藻类死亡后分解也会消耗氧气，并可能产生有毒物质，进一步恶化水质。此外，富营养化还会影响水体的透明度，使水变得浑浊，影响水的景观价值和使用价值。在严重的情况下，富营养化还会导致水体发臭，对周边居民的生活造成极大影响。

（二）影响人类和水生生物

除了有机物，城市污水中还可能含有各种有毒有害重金属元素和物质，如铅、汞、铬等。这些元素和物质往往来自工业生产、汽车尾气、农药和化肥的使用等。

这些有毒有害重金属元素和物质在水中难以降解，会通过食物链在生物体内积累，对人类和水生生物造成长期危害。例如，长期接触含铅水体的人可能出现神经系统损伤、血液系统损伤、肾脏损伤、骨骼系统损伤等症状，摄入含汞水体的人可能出现神经系统损伤、肾脏损伤、皮肤病变等症状。此外，有毒有害重金属元素和物质的积累还会影响生物的多样性和生态平衡，对水生生态系统造成破坏。

（三）破坏水域生态平衡

水域生态平衡是指水域生物体系的物质和能量的输入与输出、生态系统的结构和功能，在外来干扰下通过自我调节恢复到稳定的状态。城市污水的排放会打破水域生态平衡，导致水生生物多样性下降。

这种生态平衡的破坏不仅影响水体的自净能力和景观价值，还可能对整个生态系统的稳定性和功能造成长远影响。例如，某些物种的消失可能导致某一食物链的断裂，进而影响整个生态系统的能量流动和物质循环。

二、对城市土壤环境的影响

城市污水对城市土壤环境的影响主要有以下几点：

（一）污染土壤

在城市化快速发展的背景下，城市污水日益增多，城市污水中含有的各种污染物，如重金属、有机物等，在灌溉过程中会渗入土壤，导致土壤污染。特别是未经充分处理的城市污水，其污染物含量高，对土壤的污染风险也大。

城市污水中的污染物在进入土壤后，并不会立即被分解或去除，而是会在土壤中积累。这些污染物可能通过土壤中的水分运动、生物活动等在土壤中迁移。在迁移过程中，污染物可能会与土壤中的其他物质发生化学反应，生成更具毒性的物质，进一步加剧土壤污染。此外，土壤中污染物的积累和迁移还可能对地下水造成污染。土壤作为地下水的天然过滤层，一旦受到污染，其过滤功能将大打折扣。污染物可能通过土壤渗入地下水，导致地下水水质恶化，影响人类饮水安全。

（二）使土壤肥力下降

土壤肥力，是衡量土壤提供作物生长所需的各种养分的能力。它是反映土壤肥沃性的一个重要指标，是土壤各种基本性质的综合表现，是土壤区别于成土母质和其他自然体的最本质的特征，也是土壤作为自然资源和农业生产资料的物质基础。城市污水的渗入会改变土壤的理化性质，如酸碱度、有机质含量等，从而影响土壤的肥力。特别是当污水中含有大量有害物质时，这些物质会与土壤中的成分发生反应，形成难以被植物吸收的物质，导致土壤肥力下降、土壤板结。板结的土壤通透性差，不利于植物根系的生长和呼吸，进而影响植物对养分的吸收和利用。

（三）影响土壤生态功能

土壤是一个复杂的生态系统，其中生活着大量的微生物、昆虫和小型动物等。这些生物在土壤的物质循环、能量流动和信息传递中发挥着重要作用。然而，城市污水的渗入会破坏这一生态平衡。

首先，城市污水中的有害物质会抑制或杀死土壤中的微生物、昆虫和小型动物等。这些生物是土壤养分循环和有机质分解的关键参与者，它们的减少或消失会严重影响土壤的生态功能。其次，城市污水还可能导致土壤盐碱化或酸化。这种变化会改变土壤的 pH 值（酸碱度），影响土壤中生物的生存环境，进而破坏土壤的生态平衡。盐碱化或酸化的土壤对植物的生长极为不利，会导致植物生长受阻，甚至死亡。

三、对城市大气环境的影响

（一）排放恶臭气体

在城市污水处理过程中，特别是在初级处理阶段，污水中含有的有机物在缺氧或厌氧条件下分解，会产生大量的恶臭气体。这些气体主要包括硫化氢、甲硫醇、甲硫醚等，它们具有强烈的刺激性气味，不仅影响工作人员的工作环境，还可能对周边居民的生活造成困扰。

这些恶臭气体的产生与城市污水的成分、处理工艺、运行管理等多种因素有关。例如，在污泥浓缩、厌氧消化等过程中，由于微生物的作用，会产生大量的恶臭气体。如果这些气体不能得到有效的收集和处理，就会排放到大气中，对周边环境造成污染，影响居民的生活质量，降低人们的居住满意度。

恶臭气体的排放不仅影响空气质量，还可能对人体健康造成危害。长时间暴露在这些气体中，人们可能会出现头痛、恶心、呕吐等症状，严重时甚至可能中毒。

为了减少恶臭气体的排放，城市污水处理厂需要采取有效的除臭措施，如生物除臭、化学除臭等，确保气体排放符合环保标准。同时，政府也应加强对污水处理厂的监管，确保其正常运行，减少对周边环境的影响。

（二）排放温室气体

在城市污水处理过程中，特别是在厌氧消化阶段，会产生大量的二氧化碳（CO_2）和甲烷（CH_4）等温室气体。这些气体主要是由有机物在微生物的作用下分解产生的。其中，甲烷是一种强效的温室气体，其温室效应是二氧化碳的20多倍。

此外，污水处理过程中还可能使用到一些能源，如电力、燃料等，这些能源的消耗过程也会排放一定的温室气体。因此，污水处理厂在减少水污染的同时，也可能成为城市温室气体的重要排放源。

为了减少温室气体的排放，污水处理厂需要采取有效的节能减排措施，如优化处理工艺、提高能源利用效率、采用可再生能源等。同时，政府和企业也应加强对污水处理厂的监管和支持，推动其向低碳、环保的方向发展。

温室气体的排放是全球气候变化的重要因素之一。随着城市化进程的加快，城市污水处理量不断增加，由此产生的温室气体排放也在逐年上升。这些气体的排放会加剧全球变暖，导致极端气候事件的频繁发生，对人类社会和自然环境造成严重影响。

第二章　城市污水处理概述

第一节　城市污水水质指标及排放标准

一、城市污水水质指标

城市污水产生的来源不同，其所含污染物质也不同。污水水质指标，即各种受污染水中污染物质的最高容许浓度或限量阈值的具体限制和要求，是判断水污染程度的具体衡量尺度。一般来说，城市污水水质指标可分为物理性指标、化学性指标、生物性指标三大类。

（一）物理性指标

城市污水水质的物理性指标主要有温度、颜色和色度、嗅和味、浑浊度和透明度等。

1.温度

许多工厂排出的污水都有较高的温度，会引起水体的热污染，影响水生生物的生存和对水资源的利用。

2.颜色和色度

颜色有真色和表色之分。真色是由于水中所含溶解物质或胶体物质所致，即除去水中悬浮物质后所呈现的颜色。表色包括由溶解物质、胶体物质和悬浮物质共同引起的颜色。一般纯净的天然水是清澈透明的，即无色的，一般只对天然水和用水作真色的测定，但带有金属化合物或有机化合物等有色污染物的污水呈各种颜色。颜色是由亮度和色度共同表示的，色度是不包括亮度在内的颜色的性质，它反映的是颜色的色调和饱和度。

3.嗅和味

嗅和味也属感官性指标，可定性反映某种污染物的多少。天然水是无臭无味的。当水体受到污染后会产生异样的气味。水的异臭来源于还原性硫和氮的化合物、挥发性有机物和氯气等污染物质。不同盐分会给水带来不同的异味。如氯化钠带咸味，硫酸镁带苦味，硫酸钙略带甜味等。

4.浑浊度和透明度

水中由于含有悬浮及胶体状态的杂质而产生浑浊现象。水的浑浊程度可以用浑浊度来表示。水体中的悬浮物质含量是水质的基本指标之一，表明的是水体中不溶解的悬浮和漂浮物质，包括无机物和有机物的含量。悬浮物能在 1 至 2 小时内沉淀下来的部分称之为可沉固体。生活污水中沉淀下来的物质通常称作污泥；工业废水中沉淀下来的颗粒物则称作沉渣。

（二）化学性指标

化学性指标包括有机物指标和无机性指标。

1.有机物指标

污水中有机污染物的组成较复杂，其主要危害是消耗水中溶解氧，所以一般以需氧量来表征有机物含量，主要有生化需氧量（biochemical oxygen demand, BOD）、化学需氧量（chemical oxygen demand, COD）、总有机碳（total organic carbon, TOC）和总需氧量（total oxygen demand, TOD）等指标，单位均为 mg/L。

（1）生化需氧量

生化需氧量，又称生物需氧量，指水体中微生物分解有机化合物的过程中消耗水中的溶解氧的量。污水中的有机污染物被氧化分解的过程可划分为两个阶段：在第一阶段，有机物被转化成二氧化碳、水和氨；在第二阶段，氨被转化为亚硝酸盐和硝酸盐。第一阶段需要 20 d 左右完成；第二阶段要 100 d 才能反应完全。所以，在实际工作中，常测定五日生化需氧量（BOD_5），用以作为可生物降解有机物的综合浓度指标。五日生化需氧量约占总生化需氧量的 70%～80%。

（2）化学需氧量

化学需氧量是水体中能被氧化的物质在规定条件下进行化学氧化过程中所消耗氧化剂的量，以每升水样消耗氧的毫克数表示。采用重铬酸钾（$K_2Cr_2O_7$）作为氧化剂测定出的化学需氧量，即重铬酸盐指数，为 CODCr。用高锰酸钾（$KMnO_4$）作为氧化剂测得的化学需氧量，即高锰酸钾指数，为 CODMn，可简称为 OC。

COD 包含了易于生物降解的有机物和难于生物降解的有机物的总含量，而 BOD_5 主要反映的是污水中易于生物降解的有机物量，因此 BOD_5/COD 的值可以用来判别污水的可生化性，即污水是否适宜用生物化学方法处理。一般情况下，BOD_5/COD 的值大于 0.3 的污水，基本能采用生化法处理；BOD_5/COD 的值大于 0.45 的污水，可生化性良好。据统计，城市污水 BOD_5/COD 的值一般在 0.4～0.65。

（3）总有机碳

总有机碳是以碳的含量表示水中有机物的总量。碳是一切有机物的共同成分，是组成有机物的主要元素。水的 TOC 值越高，说明水中有机物含量越高，因此，TOC 可以作为评价水质有机污染的指标。

（4）总需氧量

总需氧量是指水中的还原性物质，主要是有机物质在燃烧中变成稳定的氧化物所需要的氧量，结果以 O_2 的含量计。TOC 与 TOD 都是利用燃烧法来测定水中有机物的含量。所不同的是，TOC 是以碳的含量表示的，TOD 是以还原性物质所消耗氧的数量表示的，且 TOC 所反映的只是含碳有机物，而 TOD 反映的是几乎全部有机物质。

水质条件基本相同的污水，测得的各指标值间存在着一定的关系：TOD＞CODCr＞BOD_5＞TOC。

BOD_5不仅与COD存在一定的比例关系，与TOC也有一定的相关关系。

2.无机性指标

无机性指标主要包括氮、磷、无机盐类和重金属离子及酸碱度等。

（1）氮、磷

污水中的氮、磷为植物营养元素，但过量的氮、磷进入天然水体易导致水体富营养化。水体富营养化会使以藻类为主的水生植物大量繁殖，影响水中鱼类的生存空间，还会造成水中溶解氧的急剧消耗，导致鱼类缺氧，从而严重影响鱼类生存。就污水对水体的富营养化作用来说，磷的作用远大于氮。

（2）无机盐类

污水中的无机盐类主要来源于人类生活污水和工矿企业废水，主要有硫酸盐、氯化物等；此外还有一些无机有毒物质，如无机砷化物等。

（3）重金属离子

重金属所形成的阳离子就是重金属离子。重金属主要是指汞、铬、铅、镉、镍、锡等，主要是通过废水、废气和废渣排放到环境中的。正常的天然水体中的重金属含量是很低的，在人们赖以生存的水系统中，当重金属离子的含量超过允许的限值时，对人类和水生生物都是危险的。

（4）酸碱度

酸碱度描述的是水溶液的酸碱性强弱程度。水体的酸碱度是水质的一个重要指标。

（三）生物性指标

污水的生物性指标主要是细菌总数、大肠菌群等。

水中细菌总数反映水体受细菌污染的程度，单位是个/mL；大肠菌群可表明水样被粪便污染的程度，单位是cfu/mL。细菌总数不能说明污染的来源，必须结合大肠菌群数来判断水体污染的来源和安全程度。

二、城市污水排放标准

为了保障天然水体不受污染，必须严格限制城市污水排放，并在排放前要将城市污水处理到允许排入水体的程度，即符合城市污水排放标准。

我国城市污水排放标准分为两类：一般排放标准、行业排放标准。

（一）一般排放标准

我国城市污水一般排放标准包括《污水综合排放标准》（GB 8978—1996）、《城镇污水处理厂污染物排放标准》（GB 18918—2002）等。《污水综合排放标准》按照污水排放去向，分年限规定了 69 种水污染物最高允许排放浓度及部分行业最高允许排水量。《城镇污水处理厂污染物排放标准》分年限规定了城镇污水处理厂出水、废气和污泥中污染物的控制项目和标准值。

（二）行业排放标准

我国城市污水行业排放标准包括《制浆造纸工业水污染物排放标准》（GB 3544—2008）、《船舶水污染物排放控制标准》（GB 3552—2018）、《肉类加工工业水污染物排放标准》（GB 13457—92）、《电子工业水污染物排放标准》（GB 39731—2020）、《纺织染整工业水污染物排放标准》（GB 4287—2012）等。这些行业标准可作为各行业的规划、设计、管理与监测的依据，有助于保护环境、防治污染，促进各行业的发展。

第二节 城市污水的处理

一、城市污水处理方法

城市污水处理就是为使城市污水达到排入某一水体或再次使用的水质要求对其进行净化的过程。

城市污水处理方法可分为物理处理法、化学处理法、物理化学处理法、生物处理法。

（一）物理处理法

物理处理法是通过物理作用，分离、回收污水中不溶解的呈悬浮状态的污染物质（包括油膜和油珠）的处理方法。物理处理法多用来处理含悬浮物（包括含油）的工业废水。

（二）化学处理法

化学处理法即通过化学反应和传质作用来分离、去除污水中呈溶解、胶体状态的污染物或将其转化成无害物质的处理方法。常用的设施为相应的池、罐、塔及其附属设备。

（三）物理化学处理法

物理化学处理法即利用物理和化学作用去除污水中污染物的方法。物理化学处理法主要有吸附法、离子交换法、膜分离法、萃取法等。物理化学处理法多用来处理含有机或无机溶解物的工业废水。

（四）生物处理法

生物处理法则是利用微生物氧化分解污水中呈胶体状和溶解状态的有机污染物的处理方法。根据其呼吸类型的不同，微生物可分为好氧微生物、厌氧微生物和兼性微生物 3 类。据此，生物处理方法可分为好氧生物处理法和厌氧生物处理法 2 种。根据微生物生化反应所需条件的提供情况，生物处理法又可分为自然生物处理法和人工强化生物处理法。

城市污水中所含的污染物质复杂多样，往往用一种处理方法很难将污水中的污染物彻底去除，一般需要用几种方法组合成一个处理系统。对于生活污水，常用物理处理法与生物处理法组合处理；对于工业废水，则用物理处理法、化学处理法组合处理；对于高浓度有机废水一般采用厌氧生物处理法进行处理。

二、城市污水处理等级

根据处理程度，城市污水处理可划分为一级处理、二级处理和三级处理。

一级处理一般由物理方法完成，构筑物主要是格栅、沉砂池和初沉池，去除对象是水中悬浮的无机颗粒和有机颗粒、油脂等污染物。一级处理对 BOD 的去除率仅为 30%左右，一般作为二级处理的预处理。

二级处理多采用生物处理法，包括好氧生物处理法和厌氧生物处理法。二级处理的构筑物主要是曝气池、生物转盘、氧化沟等。二级处理主要是利用微生物去降解污水中呈胶体状和溶解状态的有机污染物。二级处理可使 BOD 的去除率达到 90%以上。经过二级处理，城市污水基本能达到排放标准。

三级处理是在一、二级处理后，为进一步提高出水水质而增加的工艺，主要有吸附法、离子交换法、混凝沉淀法、电渗析法等。

污水深度处理是指城市污水或工业废水经一级、二级处理后，为了达到一定的回用水标准使污水作为水资源回用于生产或生活的进一步水处理过程。污水深度处理常用于去除水中的微量COD和BOD有机污染物质，氮、磷高浓度营养物质及盐类。

由水和污水处理过程所产生的固体沉淀物质称为污泥。污泥是污水处理后的产物，是一种由有机残片、细菌菌体、无机颗粒、胶体等组成的极其复杂的非均质体。污泥的主要特性是含水率高（可高达99%以上），有机物含量高，容易腐化发臭，并且颗粒较细，比重较小，呈胶状液态。它是介于液体和固体之间的浓稠物，可以用泵运输，但它很难通过沉降进行固液分离。污泥处理方法主要有重力浓缩、污泥脱水与干化、两相消化等方法。

三、城市污水处理工艺流程

城市污水处理工艺流程是根据污水水质与水量、处理水质要求、回收利用的可能性等选取的具体处理方法的组合形式。

城市污水主要来源于城市居民生活用水，主要去除对象是有机污染物。一般城市污水中的污染物易于生物降解，因此通常采用生物处理法。图2-1所示是典型的城市污水处理工艺流程。

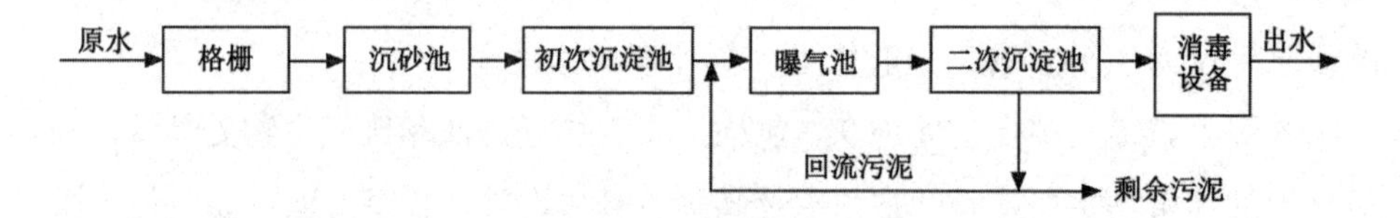

图2-1 典型的城市污水处理工艺流程

工业废水要根据主要污染物的性质采用相应的处理方法。图2-2所示是典型的焦化废水处理流程。

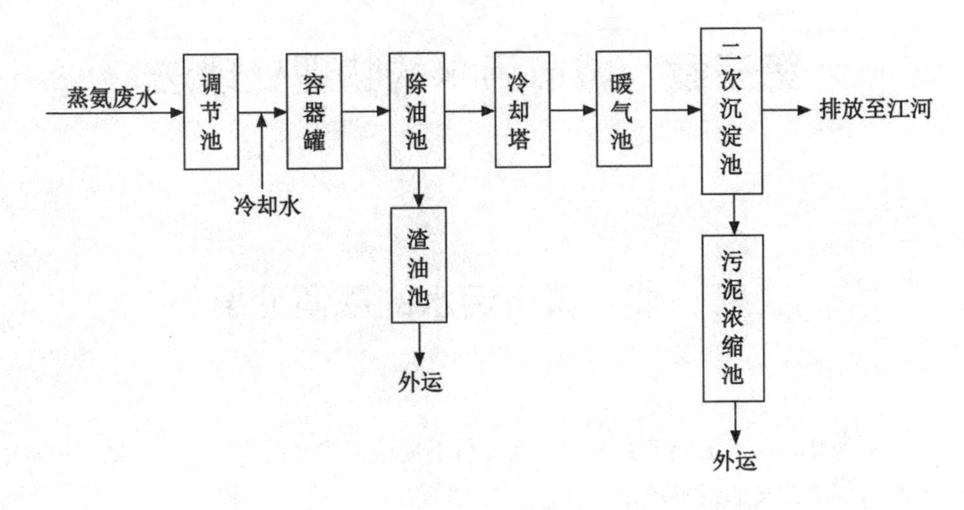

图 2-2　典型的焦化废水处理流程

当处理后的水要回用时，须进一步深度处理，以满足回用的要求。图 2-3 所示是典型的洗浴废水回用处理流程。

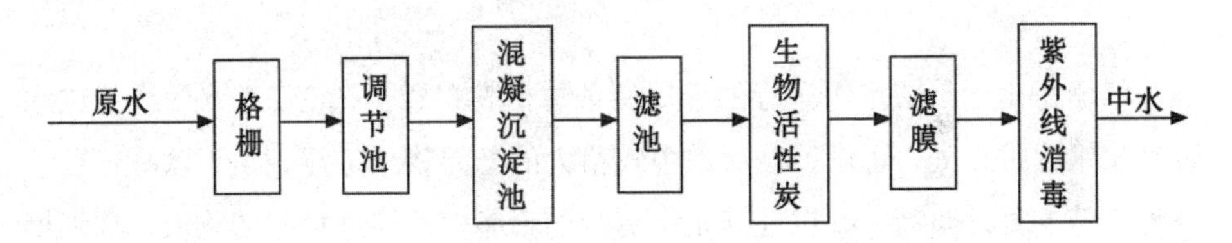

图 2-3　典型的洗浴废水回用处理流程

在水的社会循环中，需要进行处理的水质多种多样，用水（或排放）的水质要求各不相同，应结合实际情况选择适宜的水处理工艺流程。对于去除同一类杂质，往往有多种工艺方法可供选择，这就要通过技术经济比较、借鉴以往的工程经验，灵活地确定适宜的水处理工艺流程。

第三章　城市污水的物理处理法

第一节　城市污水的截留分离

谈到城市污水的物理处理法，就不得不提城市污水的截留分离。城市污水的截留分离，需要借助以下设备：

一、格栅

格栅是由一组或多组平行的金属栅条与框架组成，安装在进水渠道或进水泵站集水井进口处，用以拦截污水中较粗大的悬浮物或漂浮杂质，以减轻后续处理设施的处理负荷，并保证其正常运行的设备。被格栅拦截的物质，称为栅渣，主要是一些木屑、果皮、蔬菜、塑料制品等。

（一）格栅的分类

根据不同的分类标准，格栅可分为不同的类型。

1.按栅条的形状划分

按栅条的形状，格栅可分为平面格栅和曲面格栅。

（1）平面格栅

平面格栅由栅条和金属框架组成。栅条可布置在框架的外侧，这种格栅适用于机械或人工清渣；栅条也可布置在框架内侧，这种格栅一般采用人工清渣。栅条顶部有起吊架，清渣时可将格栅吊起。平面格栅的框架采用型钢焊接，栅条用 Q235 钢制作。

（2）曲面格栅

曲面格栅分为固定式曲面格栅和旋转式鼓筒曲面格栅。运用固定式曲面格栅时，桨板靠渠道内的水流速度推动进行除渣。运用旋转式鼓筒曲面格栅时，栅渣在污水由鼓筒内流向鼓筒外的过程中被截留，并由冲洗水管进入带网眼的渣槽。

2.按栅条间距划分

按栅条间距，格栅可分为粗格栅、中格栅和细格栅。

栅条的净间距，粗格栅为 50～100 mm，中格栅为 10～40 mm，细格栅为 3～10 mm。

栅条间距取决于所用污水泵型号，当采用 PWA 型污水泵时，格栅的栅条间距、栅渣量可参考表 3-1。

表 3-1　格栅栅条间距、栅渣量与 PWA 型污水泵的关系

栅条间距/mm	栅渣量/［L/（d・人）］	PWA 型污水泵型号
≤20	4～6	2.5PWA
≤40	2.7	4PWA
≤70	0.8	6PWA
≤90	0.5	8PWA

城市污水处理厂处理系统前端的格栅栅条间距一般采用 16～25 mm，最大不超过 40 mm。栅渣量与污水流量、栅条间距等因素有关。

3.按清渣方法划分

按清渣方法，格栅可分为人工清渣格栅和机械格栅。

根据栅渣量的多少，污水处理厂可选择不同的清渣方式。中小污水处理厂或栅渣量小于 0.2 m^3/d 的大型污水处理厂，一般采用人工清渣；大型污水处理厂或泵站前大型格栅栅渣量大于 0.2m^3/d 的污水处理厂，为了减轻工人的劳动强度一般采用机械清渣。

人工清渣格栅是由直钢条制成，一般与水平面成 45° 或 60° 角。倾角越大，占地越少，清渣就越费力。为避免频繁清渣，人工清渣格栅的设计面积一般不小于进水管渠有效面积的 2 倍。

机械格栅的倾斜角度比人工清渣格栅的大，通常为 60° ～70° ，有时甚至为 90° 。机械格栅的过水断面积应不小于进水管渠有效面积的 1.2 倍。

我国目前常用的机械格栅有链条式机械格栅（又称履带式）、移动式伸缩臂机械格栅、圆周回转式机械格栅和钢丝绳牵引式机械格栅（又称抓斗式）等。其中，链条式机械格栅的齿耙固定在格栅链条上并伸入链条缝隙间，设有水下导向滑轮，格栅链带作回转循环转动。这种格栅构造简单，占地面积小，适用于深度不大的中小型格栅，主要清除长纤维和带状物等杂质。钢丝绳牵引式机械格栅齿耙装置驱动、导向部分，用钢丝绳传动，齿耙沿着钢导轨作上下运动。这种格栅有固定式和移动式 2 种。须注意的是，钢丝绳宜用不锈钢钢丝绳。

（二）格栅的设计及计算

1.格栅的设计

格栅的设计包括格栅栅条断面形状的选择、设计参数的确定、栅条间距的确定、尺寸计算、水力计算、栅渣量计算及清渣机械的选用等。

格栅栅条的断面形状有圆形、正方形、矩形及带半圆的矩形等。

格栅栅条的断面形状及其尺寸如表 3-2 所示。

表 3-2　栅条的断面形状和尺寸

栅条断面形状	一般采用尺寸/mm
正方形	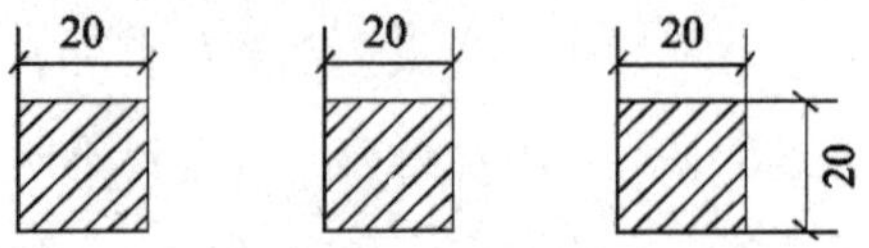 20　20　20　20
圆形	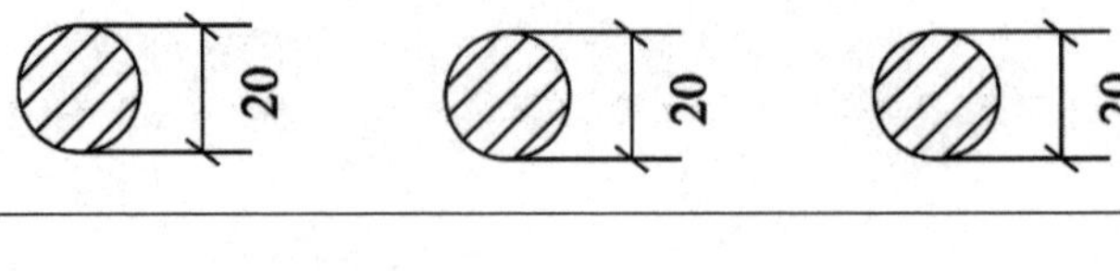 20　20　20

续表

栅条断面形状	一般采用尺寸/mm
锐边矩形	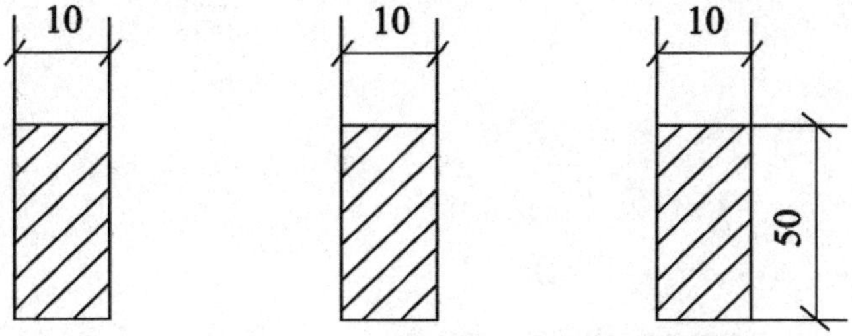 10　10　10　50
迎水面为半圆的矩形	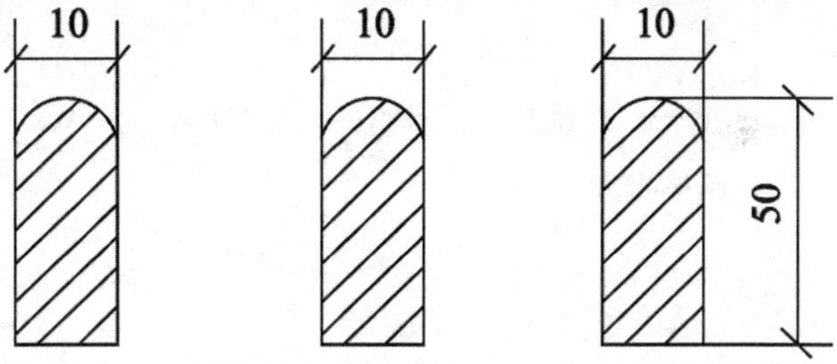 10　10　10　50
迎水面和背水面均为半圆的矩形	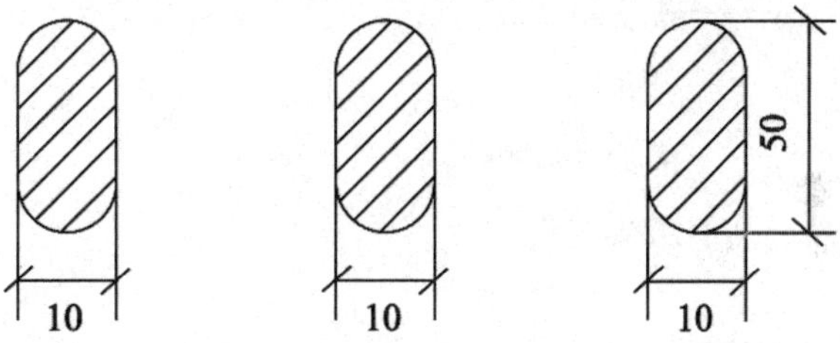 10　10　10　50

在设置格栅的渠道宽度时，应使水流保持适当的流速，一般为 0.4～0.9 m/s。这样，一方面可保证泥沙不在沟渠底部沉积，另一方面可保证栅渣不至于越过格栅。为避免栅条间隙堵塞，污水通过栅条时的流速通常为 0.6～1.0 m/s，最大流量时可为 1.2～1.4 m/s。格栅上需设置工作台，其高度应高出格栅前设计最高水位 0.5 m。当格栅宽度较大时，要多块拼合，这样既可减少单块重量，又便于起吊、安装和维修。为防止格栅前渠道出现阻流回水现象，一般在格栅的渠道与栅前渠道的联结部，应有一个展开角为 20° 的渐扩部分，栅后再以等角度的渐缩部位与渠道联结。

2.格栅的计算

（1）格栅间隙数

$$n=\frac{Q\sqrt{\sin\alpha}}{bhv} \quad （式 3-1）$$

式中：n——格栅间隙数，个；

Q——设计流量，m^3/s；

α——格栅倾角，°；

b——栅条间距，m；

h——栅前水头，m；

v——过栅流速，m/s，一般为0.6～1.0m/s。

（2）栅槽宽度

$$B=s(n-1)+bn \quad （式 3-2）$$

式中：B——栅槽宽度，m；

s——栅条的宽度，m；

b——栅条间距，m；

n——格栅间隙数，个。

（3）过栅的水头损失

$$h_1=kh_0 \quad （式 3-3）$$

$$h_0=\zeta\frac{v^2}{2g}\sin\alpha \quad （式 3-4）$$

式中：h_1——过栅水头损失，m；

h_0——计算水头损失，m；

k——污物堵塞引起的格栅阻力增大系数，一般取3；

g——重力加速度，m/s^2；

v——过栅流速，m/s；

α——格栅倾角，度；

ζ——阻力系数，与栅条断面形状有关，$\zeta = \beta \cdot (\frac{S}{b})^{\frac{4}{3}}$；当栅条断面为矩形时，$\beta$=2.42。

（4）栅槽总高度

$$H = h + h_1 + h_2 \quad \text{（式 3-5）}$$

式中：H——栅槽总高度，m；

h——栅前水深，m；

h_1——过栅水头损失，m；

h_2——栅前渠超高，取 0.5 m。

（5）栅槽总长度

$$L = l_1 + l_2 + 1.0 + 0.5 + \frac{H_1}{\tan \alpha} \quad \text{（式 3-6）}$$

$$l_1 = \frac{B - B_1}{2 \tan \alpha_1} \quad \text{（式 3-7）}$$

$$l_2 = \frac{l_1}{2} \quad \text{（式 3-8）}$$

$$H_1 = h + h_2 \quad \text{（式 3-9）}$$

式中：L——栅槽总长度，m；

H_1——栅前槽高，即栅后总高，m；

l_1——进水渠道渐宽部分长度，m；

α——格栅倾角，度；

B——栅槽宽度，m；

B_1——进水渠道宽度，m；

α_1——进水渠道展开角，一般为 20°；

l_2——栅槽与出水渠连接渠的渐缩长度，m。

（6）每日产生的栅渣量

$$W = \frac{Q_{max} W_1 \times 86\,400}{K_Z \times 1000} \quad \text{（式 3-10）}$$

式中：W——每日产生的栅渣量，m^3/d；

Q_{max}——最大设计流量，m^3/s；

W_1——单位栅渣量，$m^3/10^3m^3$ 污水，与栅条间距有关，粗格栅用小值，细格栅用大值，中格栅用中值；

K_z——生活污水量总变化系数，如表 3-3 所示。

表 3-3　生活污水流量总变化系数

平均日流量/（L/s）	4	6	10	15	25	40	70	120	200	400	750	1 600
K_z	2.30	2.20	2.10	2.00	1.89	1.80	1.69	1.59	1.51	1.40	1.30	1.20

二、筛网

筛网主要用于污水处理中短小纤维的回收。筛网可分为振动筛网和水力筛网两种类型。

当污水流经振动筛网时，悬浮物被截留。振动筛网依靠自己的机械振动将悬浮物卸到固定筛网上，滤掉附着在纤维上的水滴。

水力筛网的整个筛网呈圆锥体，污水由圆锥体的小端进入，流动到大端。在此过程中，纤维状污染物被筛网截留，水则从筛网的细孔中流入集水装置。水力筛网使被截留的污染物沿倾斜面到达固定筛，从而进一步滤去水滴。水力筛网进水端的壁面一般不用筛网，而是用不透水材料制成，以保证进水水流能提供筛网的旋转动力。

格栅和筛网所截留的栅渣最终的处置方法一般是填埋、焚烧或堆肥等。小块的栅渣也可经破碎机粉碎后返回污水中，作为可沉固体进入初沉污泥，由污泥处理系统进行处理。破碎机应设在沉砂池后，以免被大的无机砂粒损坏。

第二节　城市污水的沉淀分离

城市污水的沉淀分离，即利用水中比重大于水的悬浮颗粒在重力作用下下沉的原理，达到固液分离的目的。在城市污水处理过程中，污水的沉淀分离主要用于以下两个方面：第一，生活污水的一级处理，或工业废水的预处理；第二，污泥处理阶段的污泥浓缩。

污水的沉淀分离，需要借助沉砂池、沉淀池等。

一、沉砂池

在城市污水处理厂中，沉砂池一般设置在泵站、倒虹管或初次沉淀池前，其主要作用是去除污水中比重较大的无机砂粒，如泥沙、煤渣等，以减轻这些杂质对水泵叶轮、管道等的磨损，减轻沉淀池负荷，改善污泥处理条件，保证后续处理构筑物的正常运行。

城市污水处理厂的沉砂池座数或分格数一般不少于 2 个，且并联运行。

沉砂池可分为平流式沉砂池和曝气沉砂池两种类型。

（一）平流式沉砂池

1.平流式沉砂池简介

平流式沉砂池是最常用的一种沉砂池类型，其包括入流渠、出流渠、闸板、沉砂斗和排砂管等。平流式沉砂池的上部，是一个加宽了的明渠，两端设有闸板，以控制水流。平流式沉砂池底部设有贮砂斗，下接排砂管。工作人员往往通过贮砂斗的闸阀进行排砂。

平流式沉砂池的排砂可采用重力排砂和机械排砂两种方式。

若采用重力排砂方式，砂斗下部要加底阀，排砂管直径应为200 mm。

若采用机械排砂方式，可选用泵吸式排砂法、链板刮砂法、抓斗排砂法等。一般大中型污水处理厂都采用机械排砂法。

2.平流式沉砂池的设计及计算

平流式沉砂池可依据水力停留时间进行设计，有关设计参数可下列数据参考：污水在池内的流速为0.15 m/s～0.3 m/s；污水在池内的停留时间一般为30～60 s；有效水深一般为0.25～1.0 m；池宽不小于0.6 m；池底坡度一般为0.01～0.02。

关于平流式沉砂池设计的计算主要有以下几个：

（1）沉砂池水流部分长度

$$L = vt \tag{式 3-11}$$

式中：L——水流部分长度，即两闸板之间的长度，m；

v——最大设计流量时的速度，m/s；

t——最大设计流量时的停留时间，s。

（2）水流断面面积

$$A = \frac{Q_{\max}}{v} \tag{式 3-12}$$

式中，A——水流断面面积，m^2；

$Q_{\max}$——最大设计流量，m^3/s。

（3）池总宽度

$$B = \frac{A}{h_2} \tag{式 3-13}$$

式中：B——池总宽度，m；

h_2——设计有效水深，m。

（4）贮砂斗所需容积

$$V = \frac{Q_{\max} x_1 T \times 86\,400}{K_Z \times 10^5} \tag{式 3-14}$$

式中：V——沉砂斗容积，m^3；

x_1——城市污水的沉砂量，一般取 3 $m^3/10^5m^3$ 污水；

T——排砂时间的间隔，d；

K_z——生活污水流量的总变化系数。

（5）池总高度

$$H = h_1 + h_2 + h_3 \tag{式 3-15}$$

式中：H——沉砂池总高度，m；

h_1——超高，m；

h_3——贮砂斗高度，m。

（6）核算最小流速

$$v_{min} = \frac{Q_{min}}{n\omega} \tag{式 3-16}$$

式中：v_{min}——最小流速，若 v_{min}＞0.15 m/s，则设计合格；

Q_{min}——设计最小流量，m^3/s；

n——最小流量时工作的沉砂池数目，个；

ω——最小流量时沉砂池中的水流断面面积，m^2。

（二）曝气沉砂池

1.曝气沉砂池简介

曝气沉砂池一般为矩形渠道，在渠道侧壁整个长度方向上，距池底约 0.6～0.9 m 处设有曝气装置，池底有坡度为 0.1～0.5 的坡向沉砂斗。

曝气，就是将压缩空气通过空气管道和空气扩散装置强制溶入水中。其主要目的是利用上升水流搅动水，使其做漩流运动，以增加水流对颗粒的剪切力和无机砂粒之间的相互碰撞机会，从而使附着在无机砂粒上的有机颗粒被淘洗下来。同时，旋流产生的离心力可将密度较大的无机砂粒甩向外圈而下沉，而密度较小的有机颗粒在池中保持悬浮状态，随水进入后续处理构筑物。

曝气沉砂池有预曝气、除泡脱臭等作用，为后续的沉淀、曝气等工艺的正常运行提供了有利条件。曝气沉砂池的沉砂中有机物含量低于 5%，长期搁置也不会腐化，有利于干燥与脱水。

2.曝气沉砂池的计算

曝气沉砂池的计算方法同平流式沉砂池，只是有些参数应有所调整：水平流速取 0.08～0.12 m/s；停留时间为 4～6 min；若作为预曝气，停留时间可为 10～30 min；当有效水深为 2～3 m、池宽深比为 1～1.5、长宽比大于 5 时，要设横向挡板；多采用穿孔管曝气，穿孔管距池底约 0.6～0.9 m，孔径为 2.5～6 mm，曝气量应保证池中污水的漩流速度在 0.25～0.4 m/s。单位池长所需空气量与曝气管水下浸没深度有关，具体可参考表 3-4 所示的数据。

表 3-4　单位池长所需空气量

曝气管水下浸没深度/m	最小空气用量/［m^3/（m·h）］	最大空气用量/［m^3/（m·h）］
4.0	10.0～13.5	25
3.0	10.5～14.0	28
2.5	10.5～14.0	28
2.0	11.0～14.5	29
1.5	12.5～15.0	30

二、沉淀池

沉淀池除采用平流式和斜流式外，更常用的是辐流式和竖流式。一般情况下，污水一级处理的初沉池多为平流式或辐流式沉淀池，污水二级处理中的二沉池（二次沉淀池）多为辐流式或斜流式沉淀池，小型污水处理厂和工业废水处理站中的二沉池多为竖流式沉淀池。

初沉池主要去除的是生物处理前污水中所含比重较大的有机可沉固体；而二沉池主要是对曝气池混合液进行泥水分离，完成 BOD、COD 的彻底去除。

沉淀池的设计计算方法与给水处理相同，在污水处理中设计参数可参考表

3-5。沉淀池的有效水深、沉淀时间与表面水力负荷等的关系如表 3-6 所示。

表 3-5　城市污水处理厂沉淀池设计参数

沉淀池	位置	沉淀时间/h	表面水力负荷/［q/（$m^3 \cdot m^{-2} \cdot h^{-1}$）］	污泥量/［g/（d·人）］	污泥含水率/%
初沉池	单独沉淀	1.5～2.0	1.5～2.5	15～27	95～97
	二级处理前	1.0～2.0	1.5～3.0	14～25	95～97
二沉池	活性污泥法后	1.5～2.5	1.0～1.5	10～21	99.2～99.6
	生物膜法后	1.5～2.5	1.0～2.0	7～19	96～98

表 3-6　有效水深、沉淀时间与表面水力负荷的关系

表面水力负荷/［q/（$m^3 \cdot m^{-2} \cdot h^{-1}$）］	沉淀时间/h				
	有效水深 2.0 m	有效水深 2.5 m	有效水深 3.0 m	有效水深 3.5 m	有效水深 4.0 m
3.0			1.0	1.17	1.33
2.5		1.0	1.2	1.4	1.6
2.0	1.0	1.25	1.5	1.75	2.0
1.5	1.33	1.67	2.0	2.33	2.67
1.0	2.0	2.5	3.0	3.5	4.0

（一）辐流式沉淀池

1.辐流式沉淀池简介

辐流式沉淀池是一种大型沉淀池，池形多为圆形，小型池有时采用正方形或多角形。在一般情况下，池径可达 100 m，池中心水深 2.5～5.0 m，池周水深为 1.5～3.0 m。辐流式沉淀池有中心进水、周边出水和周边进水、中心出水两种形式。

辐流式沉淀池池底坡度一般为 0.05。在辐流式沉淀池中，一般采用机械排泥。在池径小于 20 m 的辐流式沉淀池中，可采用中心传动式刮泥机和吸泥机；

在池径大于 20 m 的辐流式沉淀池中，可采用周边传动式刮泥机和吸泥机。

为使布水均匀，辐流式沉淀池进水管处设穿孔挡板，出水堰采用锯齿堰，堰前设挡板以拦截浮渣。

2.辐流式沉淀池的计算

（1）每座沉淀池的表面积

若用 n 个沉淀池，则每座沉淀池的表面积 A 为：

$$A=\frac{Q}{nq} \quad \text{（式 3-17）}$$

式中：Q——设计流量，m^3/h；

q——表面负荷，对于初次沉淀池，表面负荷一般为 2～4 $m^3/(m^2/h)$，二次沉淀池为 1.5～3.0 $m^3/(m^2/h)$。

（2）沉淀池的直径

$$D=\sqrt{\frac{4A}{\pi}} \quad \text{（式 3-18）}$$

式中：D——沉淀池的直径，m。

（3）沉淀池的有效水深

$$h_2=qt \quad \text{（式 3-19）}$$

式中：h_2——有效水深，m；

t——沉淀时间。

沉淀时间 t 一般取 1.0～2.0 h；池径 D 与水深 h_2 的比值宜为 6～12。

（4）沉淀池的总高度

$$H=h_1+h_2+h_3+h_4+h_5 \quad \text{（式 3-20）}$$

式中：H——沉淀池高度，m；

h_1——保护高度，取 0.3 m；

h_3——缓冲层高度，与排泥方式有关，可取 0.5 m；

h_4——沉淀池底坡度落差，m；

h_5——污泥斗高度，m。

（二）竖流式沉淀池

1.竖流式沉淀池简介

竖流式沉淀池多为圆形，也有方形或多角形的。竖流式沉淀池池径或边长通常为 4～7 m，一般不大于 10 m。沉淀区为柱体，污泥斗为截头倒锥体。污水由中心管进入，自上而下流出，经反射板折向上升，澄清水由池四周的锯齿堰溢入出水槽。若池径大于 7 m，为减小出水堰负荷，可增加辐射向的出水槽，出水槽前应设挡板以隔除浮渣。污泥斗倾角为 45°～60°，利用静水压力排泥，排泥管直径一般为 200 mm。为保证沉淀池水流自下而上的垂直流动，池子的深、宽（径）比不大于 3，通常取 2。

污水在中心管内的流速会影响悬浮颗粒的去除。当中心管底部不设反射板时，污水在中心管内的流速不应大于 30 mm/s，如设置反射板，污水在中心管内的流速可为 100 mm/s。水从中心管喇叭口与反射板间流出的速度一般不大于 20 mm/s。

2.竖流式沉淀池的计算

（1）中心管截面积与直径

$$f_1=\frac{q_{max}}{v_0} \tag{式 3-21}$$

$$d_0=\sqrt{\frac{4f_1}{\pi}} \tag{式 3-22}$$

式中：f_1——中心管截面积，m^2；

d_0——中心管直径，m；

q_{max}——每座池子的最大设计流量，m^3/s；

v_0——中心管中的流速，不大于 0.1 m/s；

（2）沉淀池中心管高度

$$h_2=vt\times 3\ 600 \tag{式 3-23}$$

式中：h_2——沉淀池中心管高度，即有效水深，m；

v——水在沉淀区的上升流速，等于拟去除的最小颗粒的沉速，如无沉淀实验资料，则上升流速可取 0.5～1.0 mm/s；

t——沉淀时间，初次沉淀池一般采用 1.0～2.0 h，二次沉淀池采用 1.5～2.5 h。

（3）中心管喇叭口到反射板之间的间隙高度

$$h_3 = \frac{q_{max}}{v_1 d_1 \pi} \quad （式 3-24）$$

式中：h_3——间隙高度，m；

v_1——间隙流出速度，一般不大于 40 mm/s；

d_1——喇叭口直径，m。

（4）沉淀区面积

$$f_2 = \frac{q_{max}}{v} \quad （式 3-25）$$

式中：f_2——沉淀区面积，m^2。

（5）沉淀池总面积和池径

$$A = f_1 + f_2 \quad （式 3-26）$$

$$D = \sqrt{\frac{4A}{\pi}} \quad （式 3-27）$$

式中：A——沉淀池总面积，m^2；

D——沉淀池直径，m。

（6）污泥斗高度

污泥斗高度与污泥量有关，用截头圆锥公式计算。

（7）沉淀池总高度

$$H = h_1 + h_2 + h_3 + h_4 + h_5 \quad （式 3-28）$$

式中：H——沉淀池总高度，m；

h_1——超高，采用 0.3 m；

h_4——缓冲层高度，采用 0.3 m。

第三节　城市污水的除油与上浮

除油主要用于含油废水的处理。含油废水进入城市管道、污水处理厂等，往往会造成不良影响。若采用生物处理法处理污水，一般要求污水中石油和焦油的含量不超过 50 mg/L。含油废水主要来源于石油工业等。含油废水中的油类污染物通常有 3 种：呈悬浮状态、比重小于 1 的可浮油；呈乳化状态、必须经破乳转化为可浮油的乳化油；呈溶解状态的溶解油。除油常用的构筑物是隔油池（又称除油池），主要原理是利用油粒与水的比重差，使油粒上浮到水面再撇除，从而使油水分离。

上浮，又称气浮，是将空气以微小气泡的形式通入水中，使气泡裹挟着油粒一同上升到水面，从而使油粒从水中分离出去。

下面，笔者仅对隔油池做具体介绍。常用的隔油池有平流式隔油池和斜流式隔油池两种。

一、平流式隔油池

平流式隔油池在构造上与平流式沉淀池基本相同，废水由池的一端流入，在隔油池的出水端设置集油管。集油管一般为直径 200～300 mm 的钢管，管壁的一侧开有 60° 或 90° 的槽口。集油管可沿轴线转动。排油时将集油管的开槽方向转向水平面以下以收集浮油，并将油导出池外。大型隔油池应设置刮油刮泥机。

平流式隔油池表面一般设置盖板，便于冬季保持浮渣的温度，从而不仅可以保持其流动性，还可以防火、防雨。

平流式隔油池的设计基本与平流式沉淀池相似，按表面负荷设计时，一般采用 1.2 $m^3/m^2 \cdot h$；按停留时间设计时，一般采用 2 h。

平流式隔油池构造简单，运行管理方便，油水分离效果稳定。

二、斜板式隔油池

斜板式隔油池，可分离油滴的最小直径为 60 μm，含油废水在斜板式隔油池中的停留时间一般不大于 30 min，仅为平流式隔油池的 1/4～1/2。

斜板式隔油池只依靠油滴与水的密度差进行油、水分离，油的去除率仅为 70%～80%，必须将水中所含的乳化油和附着在悬浮固体上的油去除，才能达到排放标准。乳化油需经破乳转化为可浮油才可以用沉淀法分离去除。

破乳方法有许多种，下面重点介绍其中几种：

第一，投加换型乳化剂，如氯化钙可以使以钠皂为乳化剂的水包油乳状液转换为以钙皂为乳化剂的油包水乳状液，这时的乳状液极不稳定，油、水可以形成分层。

第二，投加盐类、酸类可使乳化剂失去乳化作用。

第三，投加本身不能成为乳化剂的表面活性剂。

第四，通过搅拌、振荡或转动，使乳化的液滴相碰撞而合并。

第五，采用过滤法拦截被固体粉末包围的油滴。

第六，通过加热或冷冻，改变乳化液的温度来破坏乳状液的稳定。

此外，城市污水处理中常用的混凝剂也是较好的破乳剂，用在含油废水处理中，既可以破乳，又可以对废水中的其他杂质起到混凝作用。

第四章　城市污水的生物处理法

第一节　活性污泥法

一、活性污泥概述

（一）活性污泥法简介

活性污泥法是一种废水生物处理技术，是以活性污泥为主体的废水生物处理的主要方法。活性污泥法由爱德华·阿登（Edward Ardern）和威廉·洛克特（William Lockett）于1914年首先在英国发明，距今已有100多年的历史。近十几年，由于公共水域污染日益严重，活性污泥法得到了很大发展，出现了多种能够适应各种条件的工艺流程，如阶段曝气、生物吸附、延时曝气、氧化沟、AO工艺（也叫“厌氧好氧工艺”）、AB法污水处理工艺（也叫“吸附-生物降解工艺”）、SBR工艺（序批式活性污泥法工艺）等。

当前，活性污泥法已成为污水特别是有机性污水处理的主要技术。我国城市污水处理厂多运用活性污泥处理法。

活性污泥法是以存在于污水中的各种有机污染物为培养基，在通过曝气提供足够溶解氧的条件下，对微生物群体进行连续培养，使其大量繁殖，形成絮状泥粒（即菌胶团），并通过吸附凝聚、氧化分解、沉淀等作用去除有机污染物的一种污水处理方法。这种絮状泥粒就叫活性污泥。

当运用活性污泥法时，生物反应器是曝气池。曝气池的形式有多种，但都有其共同特征，即使具有净化功能的絮凝体状的微生物增殖体根据需要在生物反应器内不断循环。通过人为控制，曝气池内的有机物和净化微生物的比例可保持在一定水平。此外，活性污泥处理系统的主要组成部分还有二次沉淀池、污泥回流系统、曝气系统等。

当采用活性污泥法时，应先在曝气池内注满污水，连续曝气一段时间（所谓曝气就是往水中打入空气或用机械搅拌的方式使空气中的氧溶入水中），培养活性污泥。若附近有类似的污水处理厂，也可直接借用已经正常工作的曝气池内的活性污泥作为接种种泥，这样可缩短污泥的培养时间。待产生污泥后，就可以连续运行了。来自初次沉淀池或其他预处理构筑物的污水连续不断地从曝气池一端流入，与活性污泥混合形成混合液。同时，曝气池要不断进行曝气，其作用除可向污水供氧外，还可通过搅拌、混合等作用，使曝气池内的活性污泥处于悬浮状态，且与污水充分接触，保证活性污泥反应的正常进行。

通过活性污泥反应，污水中的有机污染物得到降解，活性污泥本身得到增长。然后，混合液再由曝气池的另一端流出并进入二次沉淀池。在这里，通过沉淀作用，泥水分离。澄清后的水，可排出系统。经沉淀浓缩的污泥，从沉淀池底部排出。一部分经沉淀浓缩的污泥要回流到曝气池以补充泥种，另一部分经沉淀浓缩的污泥就作为剩余活性污泥排至污泥处理系统进行处理。为保证曝气池内污泥浓度的稳定，剩余活性污泥与在曝气池内增长的污泥，在数量上应保持平衡。

（二）活性污泥的生物相组成

活性污泥是由细菌类、真菌类、原生动物、后生动物等构成的具有氧化分解有机物活性的混合微生群体，以好氧细菌为主。

在活性污泥系统中，净化污水的第一承担者，也是主要承担者是细菌。这些细菌的数量大致在 10^7～10^8 个/mL 之间。在活性污泥中占优势的种属有：产碱杆菌属、动胶菌属、假单胞菌属、黄杆菌属、节细菌属等。这些种属的细菌结合成菌胶团后，具有较强的氧化分解有机物的能力和良好的自身凝聚、沉降功能。

在菌胶团吸附、氧化分解有机污染物后，即完成第一次污水净化，但处理水中仍存在大量的游离细菌。这些游离细菌又被原生动物所捕食，使污水水质进一步净化。原生动物是污水净化的第二承担者。原生动物还可作为活性污泥系统中的指示性生物。通过显微镜，我们可观察到出现在活性污泥中的原生动物，并辨别出其种属，据此判断处理水质的优劣。

另外，与活性污泥处理系统有关的真菌多是微小的腐生或寄生的丝状菌。这种真菌具有氧化分解碳水化合物、脂肪、蛋白质及其他含氮化合物的功能，但若过量增殖会产生污泥膨胀现象。

后生动物（主要指轮虫）在活性污泥中很少出现，仅在处理水质很好的完全氧化型的活性污泥系统中出现（如延时曝气活性污泥系统）。因此，轮虫也具有指示性生物的功能。轮虫的出现，表明水质非常稳定。此外，后生动物也是游离细菌的第二次捕食者。

这些微生物群体在活性污泥中组成了一个相对稳定的小生态系，通过食物链互为利用、互相关联对污水进行净化。可以说，活性污泥法处理系统实质上是自然界水体自净的人工模拟。

在活性污泥中，还夹杂着由入流污水挟入的有机和无机固体物质。在有机固体物质中，包括一些难于被细菌摄取利用的物质。另外，微生物进行氧化分解有机物的同时，还通过内源呼吸进行自身氧化。

综上所述，活性污泥主要由四部分组成：①*Ma*（具有活性的微生物群体）；②*Me*（微生物自身氧化的残留物）；③*Mi*（原污水挟入的吸附在活性污泥上不能为微生物降解的有机物）；④*Mii*（原污水挟入的无机物质）。其中，有机成分占 75%～85%，无机成分占 15%～25%。

活性污泥是黄褐色、絮绒颗粒状，因此又称为“生物絮凝体”。

活性污泥具有以下性质：①较强的氧化分解有机污染物的能力；②粒径一般介于 0.02～0.2 mm，具有较大的比表面积（2000～10000 m^2/m^3 混合液），因此吸附能力强；③活性污泥的含水率高，一般都在99%以上；④活性污泥具有疏水性。

这些性质使活性污泥能够吸附分解大量的有机污染物而形成絮凝体，并能在二次沉淀池里很好地沉淀下来，完成污水的净化。

（三）活性污泥的评价指标

活性污泥的评价指标主要有以下几个：

1.混合液悬浮固体浓度

MLSS（混合液悬浮固体浓度），又称混合液污泥浓度，指曝气池中单位体积混合液内所含悬浮固体的总重量，即：$MLSS=Ma+Me+Mi+Mii$。

MLSS 一般以 mg/L 混合液（或 g/L 混合液，g/m^3 混合液或 kg/m^3 混合液）计。混合液悬浮固体浓度常以 X 表示。

很明显，污泥浓度的大小可间接反映混合液中所含微生物的量。为保证曝气池的净化效率，曝气池内污泥浓度常控制在1～4 g/L；在合建的完全混合式曝气池中，污泥浓度常控制在3～6 g/L。混合液悬浮固体过多，会妨碍充氧，也使悬浮固体难以在二沉池中沉降。

2.混合液挥发性悬浮固体浓度

MLVSS（混合液挥发性悬浮固体浓度），又称有机性固体物质的浓度，是指曝气池单位容积污泥污水混合液中所含有机固体的总重量。即：$MLVSS=Ma+Me+Mi$。

这项指标更能反映活性污泥的活性。*MLVSS* 由 *Ma*、*Me*、*Mi* 三项组成。活性污泥净化废水靠的是活性细胞。当 *MLSS* 一定时，*Ma* 越高，表明污泥的活性越好；反之，越差。*MLVSS* 不包括无机部分，所以用其来表示活性污泥的活性数量比 *MLSS* 好，但它也不能真正代表活性污泥微生物的量，表示的是活性污泥数量的相对数值。混合液挥发性悬浮固体的浓度常以 X_V 表示。

在一般情况下，对于生活污水和以生活污水为主体的城市污水，*MLVSS* 与

MLSS 的比值比较固定，常为 0.75 左右。

3.污泥沉降比

SV（污泥沉降比），指曝气池混合液静置 30 min 后所形成的沉淀污泥的容积占原混合液容积的百分率。

一般发育良好并有一定浓度的活性污泥，其沉降要经历絮凝沉淀、成层沉淀和压缩沉淀等过程。因为活性污泥在沉淀 30 min 后，便可接近它的最大密度。

污泥沉降比表示活性污泥的沉降、浓缩性能。它的大小能够反映曝气池正常运行时的污泥数量，可用来控制剩余污泥的排放量。当污泥沉降比超过正常运行范围时，应排放一部分污泥，以免曝气池内因污泥过多、耗氧过快而造成缺氧状况，从而影响处理效果。此外，通过污泥沉降比的大小变化，相关人员可及时发现污泥膨胀等异常现象。

污泥沉降比是评定活性污泥质量的重要指标之一。

4.污泥体积指数

SVI（污泥体积指数），简称污泥指数，指曝气池出口处 1000 mL 混合液静沉 30 min 后，每单位质量的干污泥所形成的沉淀污泥所占有的容积（以 mL 计）。*SVI* 的计算公式为：

$$SVI=\frac{\text{（1000 mL）混合液静沉30 min形成的活性污泥体积（mL）}}{\text{（1000 mL）混合液中悬浮固体干重（g）}}$$

即

$$SVI=\frac{SV(\mathrm{mL/L})}{MLSS(\mathrm{g/L})} \quad \text{（式 4-1）}$$

在实际应用中，为了简化表达，*SVI* 的单位经常被省略。

污泥指数能全面反映活性污泥的凝聚、沉降性能。在一般情况下，活性污泥的 *SVI* 应为 70～100。当 *SVI*＜70 时，说明泥粒细小，无机物含量高，污泥缺乏活性和吸附的能力；当 *SVI*＞100 时，说明污泥沉降性能不好，并有产生污泥膨胀的可能；当 *SVI*＞200 时，则说明污泥已经产生了污泥膨胀现象。

5.污泥龄

t_s（污泥龄），指曝气池内工作着的活性污泥总量与每日排放的剩余污泥量之比。污泥龄的单位为d。在运行稳定时，污泥龄表示活性污泥在池内的平均停留时间或污泥增长一倍所需要的时间。污泥龄的计算公式为：

$$t_s = \frac{\text{池内污泥总量}}{\text{每日的排泥量（污泥增长量）}} = \frac{VX}{\Delta X} \qquad \text{（式 4-2）}$$

式中：t_s——污泥龄，d；

V——曝气池有效容积，m^3；

X——混合液悬浮固体浓度，kg/m^3；

ΔX——每日的污泥增长量（即排放量），kg/d。

若微生物的增殖速度小于污泥龄，则微生物会在曝气池内生长存在。但参与分解污水中有机物的微生物的世代时间通常都比微生物在曝气池内的平均停留时间长。因此，必须使浓缩的活性污泥连续回流到曝气池内，才能保证曝气池内的活性污泥浓度处于稳定状态，进而使活性污泥处理系统处于正常稳定状态。

污泥龄是活性污泥处理系统设计与运行管理的一项重要指标，它直接影响曝气池内活性污泥的性能。

实践表明，活性污泥的能量含量，亦即营养物或有机底物量（F）与微生物量（M）的比值（F/M），是活性污泥微生物增殖速率、有机物去除速率、氧利用速率、活性污泥的凝聚与吸附性能等的重要影响因素。曝气池内活性污泥微生物的增殖期处于哪一阶段，是由池中有机底物与微生物之间的相对数量（即 F/M）来决定的。而在一般情况下，活性污泥法多运用于减速增殖期或内源呼吸期。在活性污泥处理系统中，可通过对 F/M 值的调整，使曝气池内的活性污泥，主要是在出口处的活性污泥，处于减速增殖期或内源呼吸期。因此，有机底物量与微生物量的比值（F/M）是生物处理最重要的参数。但是在活性污泥系统中，真正的 F/M 值无法测定。在实际应用中，通常以污泥的 BOD_5 污泥负荷率（N_s）来表示 F/M 值。F/M 的计算公式为：

$$\frac{F}{M}=N_S=\frac{每日进入曝气池的BOD_5总量}{曝气池内污泥总量}=\frac{QL_a}{XV}$$（式 4-3）

式中：Q——污水流量，m^3/d

L_a——曝气池进水 BOD_5 浓度，mg/L；

X——曝气池有效容积，m^3

V——混合液悬浮固体浓度，mg/L。

为了使活性污泥处理系统处于稳定正常状态，要保持稳定的 BOD_5 污泥负荷率。在城市污水处理过程中，若运行管理者无法控制进水 BOD_5 污泥负荷率，只能通过控制曝气池污泥总量相对稳定来保持处理效果。活性污泥反应会使活性污泥在量上有所增长，这样，每天必须从系统中排出一定数量的污泥，使排出量与增长量保持平衡，从而使曝气池内污泥总量保持相对稳定。

（四）活性污泥反应的影响因素

活性污泥净化污水的过程实质上就是有机底物作为营养物质被活性污泥微生物摄取、代谢与利用的过程。为使活性污泥反应正常进行，就必须创造有利于微生物生理活动的环境条件。影响活性污泥的环境因素有以下 6 个方面。

1.BOD_5 污泥负荷率

BOD_5 污泥负荷率是影响活性污泥反应的重要因素。BOD_5 污泥负荷率过高，会加快活性污泥的增长速率和有机底物的降解速率，从而缩小曝气池容积，但处理后的水质不一定能达到要求。若 BOD_5 污泥负荷率过低，则会降低有机底物的降解速率，使处理能力降低，虽然加大了曝气池的容积，但也是不合理的。因此，应根据具体情况，选择合适的 BOD_5 污泥负荷率。

另外，BOD_5 污泥负荷率与活性污泥膨胀现象有直接关系。一般 BOD_5 污泥负荷率介于 0.5～15 时，容易产生污泥膨胀现象。所以在设计与运行时应避免 BOD_5 污泥负荷率介于这个区间。

2.溶解氧

活性污泥反应是好氧微生物进行的好氧分解，所以曝气池混合液中必须保持一定浓度的溶解氧，否则会出现厌氧状态，抑制活性污泥微生物的正常代谢，且易滋长丝状菌。水中溶解氧只要在 0.5 mg/L 以上，生物处理过程就能正常进行。但经验证明，若要将曝气池全池溶解氧水平控制在 0.5 mg/L 以上，就必须把曝气池进口端的混合液溶解氧控制在 2～3 mg/L。若溶解氧过高，则耗能增加，不利于节约成本。

3.水温

活性污泥微生物生理活动旺盛的温度范围是 20～30 ℃。高于或低于这个温度范围，都会抑制活性污泥的反应，降低反应速率，影响有机底物的代谢功能。这就是城市污水在夏季易于进行生物处理的原因。因此，活性污泥反应进程的最高和最低温度限值应定为 35 ℃和 10 ℃。不过，大量试验证明，即使在 50～55 ℃的高温，也能得到与中温相同的净化效果。但是，在一般情况下，只要水温下降，净化功能就要降低。此时，可通过降低污泥负荷率来提高净化功能。

4.pH 值

活性污泥微生物最适应的 pH 值是 0.5～8.5，pH 值低于或高于这个范围，都会促进真菌生长繁殖，使活性污泥絮凝体遭到破坏，促进污泥膨胀现象的产生，使处理水质恶化。

这个 pH 值范围是针对混合液而言的，而对于碱性废水和以有机酸为主的酸性废水则不太适合。在活性污泥的培养过程中，要考虑 pH 值的因素。但如出现冲击负荷，pH 值急剧变化，会对活性污泥反应产生不利影响，也会影响净化效果。

5.营养物平衡

活性污泥微生物在发挥其正常的有机物代谢功能时，需要的基本元素是 C（碳）、N（氮）、P（磷）等。碳含量是以污水中的 BOD 值来表示的。氮、磷这两种元素是微生物的细胞核和酶的组成元素。若水中氮、磷不足，就会抑制微生物的增殖，甚至会使其失去对有机物的降解能力。在一般情况下，城市污水中氮、磷的含量是足够的。而大部分工业废水，如石油化学工业等排放的废水中，几乎不含氮、磷等物质，所以必须适量投加。相关人员可以投加硫酸铵、硝酸铵等补充氮元素，投加磷酸钙、磷酸等补充磷元素。

活性污泥中氮的含量因增殖期不同而有所差异，一般在 6%～15%，或在 2%～5%（干重）变化，而磷则介于 1%～3%。对活性污泥微生物来说，不同的微生物对每一种营养元素需要的量是不同的，还要求各营养元素之间要满足一定的比例关系。例如，生活污水的 BOD_5∶N∶P＝100∶5∶1。而进入曝气池的生活污水，由于经物理处理后 BOD_5 值有所降低，所以 BOD_5∶N∶P＝100∶20∶4。这就说明，经物理处理法处理后的污水，其 N、P 元素含量多于所需要的。许多专家认为，生活污水宜和工业废水一起处理。

6.有毒物质

为了保证活性污泥处理系统正常运行，有时不得使用含有抑制净化微生物酶系统的金属、氰及特殊有机物质等。此外，有些元素是微生物生理上所需要的，但当其浓度达到某个程度时，会对微生物产生毒害作用。

除此 6 个因素以外，有机底物的成分组成等也对微生物的生理功能和生物降解过程有较大影响。

二、污泥增殖与需氧量

（一）污泥增殖

在曝气池内，相关人员通过活性污泥微生物的代谢作用去除 BOD，这也会使活性污泥微生物得到增殖。微生物利用分解代谢的能量对一部分有机物进行合成代谢，生成新细胞物质，而其本身还同时进行着内源呼吸（即自身氧化）。因此，活性污泥的净增长量应是这两个过程的差值，即：

$$\Delta X = aQL_r - bX_V V \qquad \text{（式 4-4）}$$

式中：ΔX——剩余污泥量（净增长量），kg/d；

Q——污水流量，m^3/d；

L_r——曝气池去除的 BOD_5 浓度，mg/L；

a——去除每千克 BOD_5 所生成污泥的千克数，kg；

b——自身氧化率，每千克 *MLSS* 自身氧化的千克数，kg；

X_V——曝气池混合液挥发性悬浮固体浓度，mg/L；

V——曝气池容积，m^3。

对于生活污水或与其性质相近的工业废水，a 值一般可取 0.5～0.65 kg，b 值一般可取 0.05～0.1 kg。表 4-1 所示是几种工业废水的 a、b 值，相关人员设计时可参考。

表 4-1　几种工业废水的 a、b 值

工业废水名称	***a***	***b***
合成纤维废水	0.38	0.10
亚硫酸盐浆粕废水	0.55	0.13
含酚废水	0.70	
制药废水	0.77	
酸造废水	0.93	

预先估算出污泥的增长量，即处理系统所应排出的剩余污泥量，对曝气池内污泥量的控制和污泥处理设备能力的确定是很重要的。

（二）需氧量

活性污泥微生物对 BOD_5 的去除过程及其自身氧化过程都需要一定的氧。这两部分的总需氧量可用下列公式表示：

$$O_2 = a'QL_r + b'X_VV \quad （式 4-5）$$

式中：O_2——混合液总需氧量，kg/d；

a'——微生物每去除 1 kg 的 BOD_5 所需要的氧量，kg/kg；

b'——活性污泥微生物自身氧化的需氧率，即每 kg 活性污泥微生物每天自身氧化所需的氧量，kg/（kg・d）。

生活污水的 a'值一般为 0.42～0.53，b'值介于 0.11～0.188 之间。表 5-2 列出了生活污水和几种工业废水的 a'值和 b'值。

表 4-2　生活污水和几种工业废水的 a'值和 b'值

工业废水名称	a'	b'
生活污水	0.42～0.53	0.11～0.188
石油化工废水	0.75	0.16
含酚废水	0.56	
合成纤维废水	0.55	0.142
漂染废水	0.5～0.6	0.065
炼油废水	0.5	0.12
酿造废水	0.44	
制药废水	0.35	0.354
亚硫酸浆粕废水	0.40	0.185
制浆造纸废水	0.38	0.092

若用 R_r 表示每日单位容积的需氧量[即需氧速率，kg/（m^3・d）]，则：

$$RrV = a'QL_r + b'X_VV \quad \text{（式 4-6）}$$

三、曝气装置

曝气就是将空气中的氧气强制溶解到混合液中的过程。曝气池内进行曝气的主要目的是充氧、搅拌与混合。

充氧，即将空气中的氧（或纯氧）转移到混合液中的活性污泥絮凝体上，以供微生物呼吸所需。搅拌与混合的目的是使曝气池内的混合液处于混合、悬浮状态，使活性污泥、溶解氧、污水中的有机底物三者充分接触，以防止活性污泥在曝气池内产生沉淀。

常用的曝气方法有鼓风曝气、机械曝气和两者联合使用的鼓风-机械曝气。

鼓风曝气就是将压缩空气通过管道系统送入池底的空气扩散装置。经过扩散装置，空气形成不同尺寸的气泡，气泡经过上升和随水循环流动，最后在液面处破裂。在这一过程中，气泡中的氧转移到混合液中供微生物利用。

机械曝气则是利用安装在曝气池水面的叶轮的转动剧烈搅动水面，使液体循环流动，不断更新液面并产生强烈水跃，从而使空气中的氧与水滴或水跃界面充分接触，在负压吸氧的作用下，转移到混合液中去。

曝气装置包括鼓风曝气装置、机械曝气装置和鼓风-机械联合式曝气装置。曝气装置的任务是将空气中的氧（或纯氧）有效地转移到混合液中去。

曝气装置技术效能的主要指标有以下 3 种：

第一，动力效率（E_P）。动力效率指每消耗 1 度电所能转移到混合液中去的氧量，以 kg/（kW·h）计。

第二，氧利用效率（E_a）。氧利用效率指通过鼓风曝气转移到液体中的氧量占供给氧量的百分比。

第三，充氧能力（E_L）。充氧能力指通过机械曝气装置，单位时间内转移到混合液中的氧量，以 kg/h 计。

对于鼓风曝气装置的效能，可以结合动力效率和氧利用效率两项指标进行评定；对于机械曝气装置的效能，可结合氧利用效率和充氧能力两项指标进行评定。良好的曝气设备具有较高的动力效率和氧利用效率、充氧能力。

（一）鼓风曝气装置

鼓风曝气装置由空压机、空气扩散装置和连接两者的一系列管道组成。空气扩散装置一般分为微气泡空气扩散装置、中气泡空气扩散装置、大气泡空气扩散装置、水力剪切空气扩散装置等类型。

1.微气泡空气扩散装置

微气泡空气扩散装置一般包括由陶瓷、粗瓷等多孔材料和合成树脂高温烧结制成的空气扩散板或空气扩散管，或者由尼龙和萨冉（Saran）树脂卷成的空气扩散管及几种微孔空气扩散器。微气泡空气扩散装置的特点是气泡细小、气液接触面大、氧的利用率高（10%以上）；但气压损失较大，且容易被空气中的微小尘埃和油脂所堵塞，对送入的空气需要预先进行净化。

（1）扩散板

扩散板有方形扩散板和长条形扩散板两种。其中，常用的方形扩散板的尺寸通常是 300 mm×300 mm×35 mm。扩散板安装在池底一侧或两侧的预留槽上或预制的长槽形水泥匣上，每个板匣有自己的进气管。空气由空气管通过进气管进入槽或板匣内，然后通过扩散板进入混合液。

（2）扩散管

扩散管常以组装的形式安装，一般以 8～12 根管组装成一个管组。扩散管的布置形式同扩散板。扩散管的氧利用效率介于 10%～13%，动力效率约为 2 kg/（kW·h）。

（3）微孔空气扩散器

微孔空气扩散器主要有固定式平板型微孔空气扩散器、固定式钟罩型微孔空气扩散器、膜片式微孔空气扩散器等。其中，常用的固定式平板型微孔空气扩散器主要由扩散板、配气管、通气螺栓、三通短管和压盖等组成。固定式平板型微孔空气扩散器、固定式钟罩型微孔空气扩散器多采用陶瓷、刚玉等刚性材料制造，氧利用效率和动力效率都较高，但也有易堵塞、空气需要净化等缺点。膜片式微孔空气扩散器不易堵塞，也不需设除尘设备。此外，还有摇臂式微孔空气扩散器、提升式微孔空气扩散器等。

2.中气泡空气扩散装置

中气泡空气扩散装置由管径介于 25 mm～50 mm 的钢管或塑料管制成，在管壁两侧向下以 45° 夹角开有直径为 3 mm～5 mm 的孔眼或缝隙。中气泡空气扩散装置不易堵塞，阻力小，但氧利用效率较低，为 6%～8%。中气泡空气扩散装置多组装成栅格型，用于浅层曝气。穿孔管是应用最广泛的中气泡空气扩散装置。

3.大气泡空气扩散装置

竖管属于大气泡空气扩散装置。竖管曝气是在曝气池的一侧布置以横管分支成梳形的竖管，口径在 15 mm 以上，距池底 15 cm 左右。

近年来，可安装在由钢或合成树脂制成的管上的喷气式和圆盘式空气扩散器也已出现。这些都属于大气泡空气扩散装置。由于大气泡在上升时可形成较强的紊流，并能够剧烈翻动水面，从而加强了气泡液膜层的更新速度。大气泡空气扩散装置，虽然气液接触面积小，但氧利用效率仍在 6%～7%，动力效率为 2～2.6 kg/（kW・h）；而且孔眼大，无堵塞问题。

目前，国内一些城市污水处理厂广泛应用竖管曝气，甚至有些工业废水处理系统中的曝气池也用这种装置曝气。

4.水力剪切空气扩散装置

这种装置是利用本身的构造特征，产生水力剪切作用，在空气从装置吹出之前，将大气泡切割成小气泡。

倒盆式空气扩散装置属于水力剪切空气扩散装置。倒盆式空气扩散装置由盆形塑料壳体、橡胶板、塑料螺杆及压盖等组成。空气由上部进气管进入，由盆形壳体和橡胶板间的缝隙向周边喷出，在水力剪切的作用下，空气泡被剪切成小气泡；当停止供气时，借助橡胶板的回弹力，缝隙自行封口，防止混合液倒灌。这种空气扩散装置的各项技术参数如下：服务面积为 6 m×2 m，氧利用效率为 6.5%～8.8%，动力效率为 1.75～2.88 kg/（kW・h）。

目前，我国生产的水力剪切空气扩散装置还有固定螺旋式空气扩散装置、金山型空气扩散装置等。

（二）机械曝气装置

机械曝气装置包括表面叶轮式曝气器和转刷曝气器。表面叶轮式曝气器或转刷曝气器安装在曝气池水面上、下，在动力驱动下转动。曝气器的转动，可以使水面上的污水形成水跃，使液面剧烈搅动卷入空气。曝气器的转动，具有提升液体的作用，使混合液连续上下循环流动，使气液接触界面不断更新，从而使空气中的氧不断向液体内转移。

1.表面叶轮式曝气器

这类曝气器根据叶轮的形式不同，又分为泵型叶轮式曝气器、平板型叶轮式曝气器和倒伞型叶轮式曝气器等。

（1）泵型叶轮式曝气器

泵型叶轮式曝气器由叶片、上平板、上压罩、下压罩、导流锥顶以及进气孔、进水口等组成。

泵型叶轮式曝气器的充氧量和轴功率可按下列公式计算：

$$Q_s = 0.379K_1v^{2.8}D^{1.88} \quad \text{（式 4-7）}$$

$$N_{轴} = 0.0804K_2v^3D^{2.08} \quad \text{（式 4-8）}$$

式中：Q_s——标准条件（水温 20℃，一个大气压）下清水的充氧量，kg/h；

$N_{轴}$——叶轮轴功率，kW；

v——叶轮周边线速度，m/s；

D——叶轮公称直径，m；

K_1——池型结构对充氧量的修正系数；

K_2——池型结构对轴功率的修正系数。

池型修正系数 K_1、K_2 的值如表 4-3 所示。

表 4-3　池型修正系数 K_1、K_2 值

修正系数	池型			
	圆池	正方池	长方池	曝气池
K_1	1	0.64	0.90	0.85～0.98
K_2	1	0.81	1.34	0.85～0.87

叶轮外缘最佳线速度应为 4.7～5.5 m/s。如果线速度小于 4.0 m/s，曝气池

内可能污泥沉积。如果线速度过大，将打碎活性污泥，影响处理效果。关于叶轮的浸没度，应不大于 4 cm。如果叶轮的浸没度过深，会影响充氧量；如果叶轮的浸没度过浅，则会引起脱水，使运行不稳定。另外，叶轮不可反转。

（2）平板型叶轮式曝气器

平板型叶轮式曝气器由平板、叶片和法兰构成，叶轮与平板半径的角度一般为 0°～25°。平板型叶轮式曝气器制造方便，不易堵塞。

（3）倒伞型叶轮式曝气器

倒伞形叶轮式曝气器由圆锥体及外表面上的叶片组成，叶片的末端在圆锥体底边沿水平伸展出一小段，使叶轮旋转甩出的水幕与池中水面相接触，从而扩大了叶轮的充氧、混合作用。

倒伞形叶轮式曝气器具有构造简单、运行管理方便、充氧效率高等优点。目前，倒伞形叶轮式曝气器在国内得到广泛应用，在国外一般用于小型曝气池。

2.转刷曝气器

转刷曝气器由横轴和固定在轴上的叶片组成。其运行原理是电机带动转轴转动，叶片也随着转动，搅动水面，产生波浪，空气中的氧便通过气液接触面转移到水中。

在安装转刷曝气器时，转刷应贴近液面，部分浸在池液中。

转刷曝气器主要用于氧化沟，它具有负荷调节方便，维护管理容易，动力效率高等优点。

（三）鼓风-机械联合式曝气装置

这种联合式曝气装置的叶轮一般安装在水下，只进行机械搅拌，不提供氧；而氧的供给靠安设在池底的鼓风空气扩散装置。

这种联合式曝气装置的优点如下：可通过改变空气量来适应负荷的变化；可提高原鼓风曝气装置的氧利用效率；在寒冷地区使用这种方式不存在水面结冰的危险；可用于深层曝气，能在底部形成强烈的紊流，防止污泥淤积。但是，鼓风-机械联合式曝气装置的水下叶轮易磨损，易腐蚀，且同时需要机械搅拌和空压机两种动力，因而动力费用较高。

四、曝气池类型

按曝气池混合液水流流态来分，曝气池可分为推流式曝气池、完全混合式曝气池和循环混合式曝气池 3 大类。

（一）推流式曝气池

1.推流式曝气池简介

推流式曝气池一般是矩形渠道式，常采用鼓风曝气。空气管道和空气扩散装置排放在池子一侧，这样可使水流在池内呈螺旋状流动，增加气泡和混合液的接触时间。

推流式曝气池的数量随污水处理厂规模而定。在一般情况下，污水处理厂的曝气池可分成几个单元，每个单元包括几个池子，每个池内设有隔墙，将池子分成 1～4 个折流的廊道。当采用单数廊道时，污水入口和出口在池子的不同侧；当采用双数廊道时，入口和出口在池子的同侧。廊道的单双数取决于污水处理厂的总平面、布置形式和运行方式等。为了节约管道，相邻廊道的扩散装置常沿公共隔墙布置。

推流式曝气池池长以 50～70 m 为宜，有的也可长达 100 m，要根据污水处理厂的地形条件、总体布置等确定。为避免产生短流，廊道的长、宽一般为 5～10 m。池深与池子造价、动力费用等密切相关。此外，池越深，氧的利用率也越高，但压缩空气的压力也越来越大。在一般设计中，池深（一般介于 3～5 m）常根据土建结构和池子的功能要求以及允许占用的土地面积等确定。当曝气池的宽深比的比值为 1～2 时，扩散装置宜安装在廊道的一侧；如宽深比的比值超过 2，则应考虑将扩散装置安装在廊道的两侧，或布满整个池底。

为了减小水流旋转阻力，廊道的 4 个墙角（墙顶和墙脚）都做成外凸 45° 斜面。曝气池壁应有 0.5 m 的超高，池隔墙顶部可建成渠道状，渠道上可盖上盖板作为人行道。

曝气池的进水口、进泥口均设于水下，以避免形成短流，影响处理效果，并设闸门以调节水量。曝气池的出水一般采用溢流堰式。在池底、池子的 1/2 深处或距池底 1/3 深处都应设管径为 80～100 mm 的排水管，前者用作池子的清洗、排空；后者在培养、驯化活性污泥时用于周期排放上清液。

推流式曝气池适用于各大中型城市污水处理厂以及寒冷地区的小型污水处理厂。

2.推流式曝气池的运行方法

推流式曝气池的运行方法主要有 3 种：普通曝气法、阶段曝气法、吸附-再生法。

（1）普通曝气法

普通曝气法又称传统曝气法。污水从池子首端进入池内，回流污泥也同步注入。污水在池内呈推流形式流动至池子的末端，再流出池外进入二沉池。曝气池进水口处有机底物负荷率高，耗氧速率高，因此为避免形成厌氧状态，进水有机负荷率不宜过高。若采用这种运行方法，池内耗氧速率与供氧速率难以协调。

（2）阶段曝气法

该法是使污水沿曝气池的长边从不同处分别流入，这种分段注入污水的运行方式提高了曝气池对水质、水量变化的适应能力，且使有机底物沿池长均匀分布，负荷均匀，供氧速率与耗氧速率之间的差距小。另外，由于混合液中的活性污泥浓度逐步降低，因此出流混合液的污泥浓度也逐步降低，减轻了二沉池的负荷，可提高沉淀效果。

（3）吸附-再生法

吸附-再生法又称接触稳定法，是用于处理城市污水并被证实效果良好的一种方法。

这种运行方法注重活性污泥对有机底物的降解的两个过程——吸附与代谢。活性污泥和污水在吸附池内接触 0.5～2 h，使部分悬浮物、胶体和溶解状态的有机底物被活性污泥所吸附，使有机底物得以去除。然后，混合液再流入二沉池进行泥水分离。之后，将处理水和剩余污泥排至池外，而回流污泥则从底部进入再生池，通过 2～3 h 的曝气，达到稳定状态。活性污泥微生物完成吸附和代谢反应进入内源呼吸期，使污泥的活性得到充分恢复，再次进入吸附池与污水接触，吸附有机底物，使活性污泥在处理系统中循环使用。

总之，这三种运行方法各有其特点，其主要区别在于投水点不同，从而造成了全池平均浓度不同。在普通曝气法中，全部污水在池端投入；在阶段曝气法中，污水分散为几点投入；在吸附-再生法中，污水在曝气池中段集中一点投入。就全池平均浓度而言，吸附-再生法＞阶段曝气法＞普通曝气法。如果维持一定的污泥负荷率，则曝气池容积情况是，普通曝气法＞阶段曝气法＞吸附-再生法。吸附-再生法虽然能以较小的池容积处理较多的污水，但污水停留时间较短，在处理效果上，略低于普通曝气法。而阶段曝气法使全池的耗氧速率较平均，所以应用较广。

（二）完全混合式曝气池

完全混合式曝气池指的是污水和回流污泥进入曝气池后立即与池内原有的混合液充分混合，使池内各点水质比较均匀的曝气池。完全混合式曝气池表面上多呈圆形、方形或多边形，大多采用表面叶轮供氧。完全混合式的曝气池和二沉池可以合建在一个构筑物中，称为合建式完全混合曝气沉淀池，也可分开建造。

合建式完全混合曝气沉淀池由 4 个基本部分组成：曝气区、导流区、沉淀区和污泥回流区。

1.曝气区

曝气区与沉淀区用墙壁分隔开，曝气器设于池顶部中央，并深入到水下一定深度。考虑到表面叶轮的提升能力，曝气区深度一般为4 m左右。污水从池底部进入，并立即与池内原有混合液完全混合。经过曝气反应后的混合液从位于顶部四周的窗口流出，进入导流区。窗口大小可用堰门调节，也可调节出流量。为扩大曝气区容积，内隔墙的下半部应向沉淀区扩张，斜壁倾角不小于45°，以防污泥沉积。

2.导流区

导流区位于曝气区与沉淀区之间。导流区的作用是释放混合液中的气泡，使水流均匀沿整个圆周进入沉淀区。导流区内设径向整流板，目的是阻止从窗口流入导流区和沉淀区的液流在惯性作用下绕池子轴线旋转，有利于污水和泥水的分离。导流区宽度一般在0.6 m左右，深度介于1.2～2 m。

3.沉淀区

沉淀区位于导流区和曝气区的外侧。沉淀区的功能是泥水分离，上部为澄清区，下部为污泥区。澄清区的深度不宜小于 1.5 m。澄清区的处理水沿设于四周的出流堰流出，进入排水槽。出流堰多为锯齿形三角堰。

4.污泥回流区

污泥回流区位于曝气区隔墙外，沉淀区的下部。为了集泥，污泥回流区底部应做成斜壁，倾角不小于45°，污泥回流区的容积一般应不小于2 h的存泥量。在曝气区的内隔墙和污泥回流区斜底之间有一狭缝，称为回流缝。回流污泥通过回流缝回流到曝气区。回流缝宽度一般介于0.15～0.2 m，过窄容易被污泥淤塞，过宽易引起污泥区的旋流，影响污泥浓缩。尤其重要的是回流缝在整个圆周上，缝宽应尽可能一致。另外，应在污泥回流区的一定深度处设排泥管，以排出剩余污泥。

还有一种表面为方形的合建式完全混合曝气沉淀池，沉淀区设在一侧，这种构筑物适于处理曝气时间较长的污水。

分建式完全混合曝气池，曝气池采用表面机械曝气装置。曝气池分成几个相互衔接的方形单元，每个单元设一台表面机械曝气装置。污水与回流污泥沿曝气池池长均匀引入，并均匀排出混合液，使其进入二沉池，但需设污泥回流系统。

（三）循环混合式曝气池

循环混合式曝气池，又名氧化沟，20 世纪 50 年代首次出现于荷兰。一开始，循环混合式曝气池规模较小，水深较浅，常用水平中心轴的转刷充氧，也被称为氧化沟。后来，卡鲁塞尔氧化沟、D 型氧化沟、C 型氧化沟也被研制出来。近些年，又出现了把二沉池置于氧化沟内的一体化氧化沟，又称 ICC 型氧化沟。在 ICC 型氧化沟内，还可安设缺氧区，从而使硝化产化的 NO_3^- 反硝化，产生 N_2，并使 N_2 溢出，从而达到除氮的目的。

氧化沟构造简单，运行简便，处理效果稳定可靠，水处理能耗低且处理效率高，所以越来越为人所重视。

氧化沟一般呈环形沟渠状，平面多为椭圆形，总长有几十米，甚至百米以上。沟深取决于曝气装置，一般为 2～6 m。进水管进水，溢流堰出水。

在流态上，氧化沟介于完全混合式曝气池与推流式曝气池之间。氧化沟的运行方式多采用延时曝气方式，活性污泥曝气时间长，一般多在 24 h 以上。污水在沟内的平均流速为 0.4 m/s，污水在整个停留时间内，可以做几十次甚至几百次循环，所以氧化沟内混合液的水质是近乎一致的。氧化沟进水 BOD_5 污泥负荷率较低，对水温、水质、水量的变动有较强的适应性；同时，也使污泥在沟内长期处于营养不足的状态，促使微生物自行分解，从而大大减少了剩余污泥量，无须再进行污泥的厌氧消化处理。

氧化沟污泥的泥龄长，一般可达 15～30 d，其中可能存活世代时间长、增殖速度慢的微生物，如硝化菌。氧化沟如运行得当，还具有反硝化脱氮的效果。此外，氧化沟还具有处理水稳定性较高，不需设初次沉淀池等优点。但是，由于曝气时间长，氧化沟占地面积较大。

下面，笔者介绍几种常用的氧化沟：

1.卡鲁塞尔氧化沟

这种氧化沟是20世纪60年代末由荷兰DHV公司开发的。卡鲁塞尔氧化沟是一个多沟串联系统。在每组沟渠，都安装一台表面曝气器。靠近曝气器的下游为富氧区，而曝气器的上游可能为低氧区，外环还可能为缺氧区，这有利于形成生物脱氮的条件。

卡鲁塞尔氧化沟在世界各地得到广泛应用，其规模一般从 200 m^3/d 到 650 000 m^3/d，BOD_5去除率为95%～99%，脱氮效果在90%以上，除磷率可达50%。

2.交替工作氧化沟

交替工作氧化沟分两种：

一种是由容积相同的2个池或3个池交替作为曝气池和沉淀池，不设污泥回流系统。如果是3个池交替工作的氧化沟，两侧的A、C池交替作为曝气池和沉淀池，中间的B池则一直为曝气池，原污水连续进入A池或C池，处理水则相应地从作为沉淀池的C池和A池流出。

另一种是氧化沟连续运行，设2座二次沉淀池交替运行，交替回流污泥。这样交替工作的氧化沟有多种形式。

3.曝气-沉淀一体化氧化沟

所谓曝气-沉淀一体化氧化沟就是为充分利用氧化沟较大的容积和水面，而将二次沉淀池建在氧化沟内的氧化沟。曝气-沉淀一体化氧化沟有多种形式，其中最有代表性的就是BMTS氧化沟。

BMTS氧化沟是由美国某公司于20世纪80年代研究开发的。这种氧化沟的隔墙不在池中心，而是偏向一侧，使设有沉淀区一侧的沟宽大于另一侧，沉淀区横跨该侧整个沟宽。沉淀区两侧设隔墙，其底部设一排三角形导流板，水面设集水管以收集处理后的水。循环的混合液均匀地通过沉淀区底部的导流板间隙上升进入沉淀区。澄清水通过穿孔管或溢流堰排走，沉淀污泥则从间隙流回混合液中。底部导流板的设置，可减少沉淀区中下层水流的紊动。通过底部导流板的水流紊动，可以清除构件上的沉淀物。

曝气-沉淀一体化氧化沟因占地少、效率高、耐冲击负荷及耐 pH 值变化能力强、维护管理方便等特点，发展迅速，在国内外得到广泛应用。

五、活性污泥法处理系统的设计与计算

活性污泥法处理系统基本上是由曝气池、曝气设备、污泥回流设备和二次沉淀池等部分组成的。要想更好地应用活性污泥法处理系统，就要对其进行合理的设计与计算，具体内容如下：

（一）处理工艺流程的设计

污水处理的工艺流程应根据原污水的水量及水质、现场的地理位置、地区条件、气候条件、施工水平、运行管理水平、供电等情况，综合分析本工艺在技术上的可行性、在经济上的合理性等后确定。

对于工程量大、投资高的工程，需要进行工艺流程的多方案比较，选择最优的工艺流程。

（二）曝气池类型的确定

确定曝气池的类型，主要考虑以下几方面内容：

1.出水水质的要求

出水水质的要求，即去除率的高低。在一般情况下，当处理水质要求高时，宜选用推流式曝气池；当处理水质要求低时，则用完全混合式曝气池。循环混合式（如氧化沟）不但处理效果良好，有的还具有脱氮和除磷功能。

2.水量水质的变化

推流式曝气池对进水水量水质变化的适应性不强，故一般仅用于处理水量水质较稳定的污水；而完全混合式曝气池和氧化沟均可使进水水质均化，对水量水质的变化都有较强的适应能力，可处理水量水质不稳定的污水。

3.占地面积的要求

一般推流式曝气池容积大，占地多；而完全混合式曝气池、曝气-沉淀一体化氧化沟的容积相对较小，占地少。此外，若运用氧化沟，还可省去初沉池和污泥处理设备，从而减少整个流程的占地面积。

4.运行管理水平和施工水平

完全混合式曝气池一般结构紧凑、流程短，但施工复杂、运行管理水平要求高；氧化沟结构简单、施工方便、运行管理水平要求较低；而推流式曝气池在施工和运行管理的要求上介于完全混合式曝气池和氧化沟之间。

5.曝气池有效容积的确定

曝气池有效容积的计算，一般采用以有机物负荷率为计算指标的计算方法。对于分建式曝气池，整个池容积均起代谢作用；对于合建式曝气池，起代谢作用的是其中的曝气区，二者容积的计算方法相同。

有机物负荷率即BOD_5污泥负荷率，以N_s表示。如前所述，有机物负荷率的物理意义是指单位重量的活性污泥（干重）在单位时间内所能承受的BOD_5的重量。N_s的计算公式如下：

$$N_s = \frac{QL_a}{XV} \quad \text{（式 4-9）}$$

由此可得曝气池（区）容积的计算公式：

$$V = \frac{QL_a}{XN_s} \quad \text{（式 4-10）}$$

另外，还有曝气池容积负荷率N_V，污泥去除负荷率N'_s。容积负荷率是指曝气池（区）单位容积在单位时间内所能承受的BOD_5的量。N_V的计算公式为：

$$N_V = \frac{QL_a}{V} = N_s \cdot X \quad \text{（式 4-11）}$$

则曝气池（区）容积的计算公式为：

$$V=\frac{QL_a}{N_V} \quad \text{（式 4-12）}$$

污泥去除负荷率 N'_s 指单位重量的污泥在单位时间内所去除的 BOD_5 的重量，也称氧化能力。N'_s 的计算公式为：

$$N'_s=\frac{QL_r}{XV} \quad \text{（式 4-13）}$$

式中，QL_r 为曝气池（区）每天所去除的有机物的重量。$L_r=L_a-L_e$，其中 L_a、L_e 分别为曝气池进、出水 BOD_5 浓度。曝气池（区）容积的计算公式为：

$$V=\frac{QL_r}{X\cdot N'_s} \quad \text{（式 4-14）}$$

在前述的负荷率中，BOD_5 污泥负荷率是基础，具有微生物对有机物代谢方面的含义，其他负荷率属经验数据，常用的还是 BOD_5 污泥负荷率。

由式 4-10 可知，要求定曝气池（区）容积，必须确定式中的 Q、L_a、X、N_s 的值。

（1）设计流量 Q 的确定

Q 是指曝气池的进水设计流量，不包括污泥回流量。一般当曝气池的水力停留时间较长时（6 h 以上），可按平均日流量作为曝气池的设计流量；当曝气池的水力停留时间较短时（2 h 左右），则应以最大时流量作为曝气池的设计流量。

（2）进水 BOD_5 浓度 L_a 的确定

L_a=（进入污水处理厂的总 BOD_5 的重量－一级处理所去除的 BOD_5 的重量）/Q。

（3）曝气池（区）内污泥浓度 X 的确定

一般对于生活污水的处理，曝气池（区）内污泥浓度 X 值，可直接查表取经验数据。表 4-4 所列为不同运行方式下的 X 值。

表 4-4　国内外不同运行方式下的 X 值

单位：mg/L

国家	传统曝气池	阶段曝气池	生物吸附曝气池	曝气沉淀池	延时曝气池
中国	2 000～3 000		4 000～6 000	4 000～6 000	2 000～4 000
美国	1 500～2 500	3 500	1 500～2 000	2 500～3 500	5 000～7 000
日本	1 500～2 000	1 500～2 000	4 000～6 000		5 000～8 000
英国		1 600～4 000	2 200～5 500		1 600～6 400

对于工业废水处理系统，因为不同的工业废水的水质不同，曝气池（区）内的混合液污泥浓度 X 的值，应通过试验确定或取样测定，也可通过理论计算得出。

R 为污泥回流比，即污泥回流量 Q_R 与曝气池进水流量 Q 的比值。则有：

$$Q_R = RQ \qquad \text{（式 4-15）}$$

若回流污泥浓度用 X_R 表示，则根据物料平衡可得：

$$Q_R X_R = (Q + Q_R) X \qquad \text{（式 4-16）}$$

$$X = \frac{Q_R X_R}{Q + Q_R} = \frac{RQX_R}{Q + RQ} = \frac{R}{1+R} X_R \qquad \text{（式 4-17）}$$

因为混合液中的污泥来自回流污泥，混合液污泥浓度 X 值不可能高于回流污泥浓度 X_R 值。而回流污泥来自二沉池，二沉池中的污泥浓度与污泥沉淀、浓缩性能以及它在二沉池中的停留时间等有关。一般混合液在二沉池中沉淀时所形成的污泥可以用混合液在量筒中沉淀 30 min 后所形成的污泥表示。因此，回流污泥浓度可用下式确定：

$$X_R = \frac{10^6}{SVI} r \qquad \text{（式 4-18）}$$

式中，r 是考虑污泥在二沉池中停留时间、池深、污泥厚度等因素的系数，一般为1.2左右。将式4-17代入式4-18，可得出估算混合液污泥浓度的公式：

$$X = \frac{R}{1+R} \cdot \frac{10^6}{SVI} r \qquad \text{（式 4-19）}$$

式中，各符号的意义同前。其中，R、SVI 的值可参考经验数值，但一般情况下，SVI 的值可直接取100左右。

（4）污泥负荷率 N_s 值的确定

污泥负荷率 N_s 值可直接查经验数据，也可通过沉淀试验确定，还可按下列公式通过理论计算确定。

对于推流式曝气池，污泥负荷率 N_s 的计算公式为：

$$N_s = 0.01295 L_e^{1.1918} \qquad \text{（式 4-20）}$$

对于完全混合式曝气池，污泥负荷率 N_s 的计算公式为：

$$N_s = k_2 L_e f / \eta \qquad \text{（式 4-21）}$$

式中：L_e——曝气池出水 BOD_5 浓度，对于完全混合式曝气池内的 BOD_5 浓度接近出水浓度值；

k_2——随污水性质而变化的常数，如表4-6所示；

f——挥发分，即 $MLVSS/MLSS$，一般为0.75；

η——去除率，即 $\frac{L_a - L_e}{L_a}$。

表4-5　完全混合式曝气池的 k_2 值

污水性质	k_2 值
城市生活污水	0.016 8～0.028 1
合成橡胶废水	0.067 2
化学废水	0.001 44
脂肪精制废水	0.036
石油化工废水	0.006 72

6.曝气池结构尺寸的确定

（1）推流式曝气池结构尺寸的确定

首先，假定曝气池有效水深为 H（在 3～5 m 之间取值），若设曝气池座数为 n（$n\geqslant2$），则每座池子的面积 F_1 为：

$$F_1=\frac{V}{n\cdot H} \qquad （式 4-22）$$

式中，V 为曝气池有效容积。

再假定池宽 B 为一定数值（$B:H=1\sim2$），则有：

$$L=\frac{F_1}{B} \qquad （式 4-23）$$

式中，L 为曝气池池长。

最后，根据 $L/B\geqslant5\sim10$ 的要求校核。

（2）完全混合式曝气池各部位尺寸的确定

我国采用的完全混合式曝气池多为圆形，下面，笔者重点介绍其各重要部位的尺寸控制值，供相关人员设计时参考。

第一，曝气沉淀池直径多采用 15 m，最大为 17 m，池直径受充氧和搅拌能力的限制。

第二，曝气区水深 H 不大于 5 m，水深过大，搅拌能力达不到，池底易积泥，影响运行效果。

第三，沉淀区水深 h_3 不小于 1 m，一般在 1～2 m。h_3 过小，会使上升水流的稳定性受到影响。

第四，曝气区直壁段高度 h_2 应大于导流区的高度 h_1，一般 $h_2-h_1\geqslant0.414B$，其中 B 为导流区宽度。

第五，曝气区保护高一般在 0.8～1.2 m。

第六，回流窗口的尺寸由回流窗孔的流速决定。在一般情况下，回流窗的总长度约为曝气区周长的 30%，其调节高度为 50～150 mm。

第七，导流区出口处的流速 v_3 应小于导流区下降流速 v_2，导流区下降流速为 15 mm/s 左右，以此确定导流区宽度，导流区宽度一般在 0.6 m 左右。

第八，污泥回流缝的宽度一般为 150～300 mm。回流处设顺流圈，防止气泡和混合液从回流缝进入沉淀区，并使沉淀污泥通畅回流。顺流圈的长度 L 为 0.4～0.6 m，直径 D_4 应大于池底直径 D_3。

第九，曝气区、导流区的结构容积系数为 3%～5%。

（三）曝气系统的设计

要想做好曝气系统的设计，应注意以下几个方面：

1.曝气方法及其设备类型的选定

曝气方法应根据曝气池的类型、池深及曝气池的运行方式等来确定。

推流式曝气池，大多采用鼓风曝气方法；完全混合式曝气池和循环混合式曝气池，一般采用机械曝气方法；而鼓风-机械联合式曝气方法，一般用于深层曝气。另外，在寒冷地区可用鼓风-机械联合式曝气，从而避免出现水面结冰的情况。

若曝气方法选定为鼓风曝气，则还要进行空气扩散装置和空压机类型的选择。

关于空气扩散装置的选择，要考虑其氧利用效率（E_a）和动力效率（E_P）、孔口堵塞问题、压力损失、装置的施工与安装要求以及曝气池的池型和池深等。目前，在大型污水处理厂，推流式曝气池多选用微孔曝气器。

若采用机械曝气方法，则要进行表面曝气设备的类型选定，即叶轮类型（泵型、伞型、平板型、K 型等）及机械转刷类型的选定。

2.需氧量与供气量的计算

实际上，曝气过程的动力是气液界面两侧存在的氧的分压梯度和浓度梯度，但氧的转移还受污水水质、污水含盐量、温度、气压、空气气泡大小、气泡与液体的接触时间等的影响。根据扩散理论，在稳定条件下，转移到曝气池的总氧量可用下式计算：

$$R=aK_{La(20)}[\beta\rho C_{s(T)}-C]\times1.024^{(T-20)}V \quad （式4-24）$$

式中：$K_{La(20)}$——温度为20℃时清水中氧的总转移系数，h^{-1}；

$C_{s(T)}$——温度为T时清水中的氧溶解度，mg/L；

C——污水中氧的实际浓度，mg/L；

a——污水水质对氧转移的影响系数，$a<1$；

β——污水中含盐量对氧溶解度的影响系数，$\beta<1$；

ρ——压力修正系数，$\rho=\frac{所在地区实际气压}{1个标准大气压}$。

温度对氧转移影响的修正系数为1.024。

另外，对于鼓风曝气，安装在池底的空气扩散器出口处的氧分压最大，C_s值也最大。随着气泡上升至水面，气体压力逐渐降低，且气泡中的部分氧已转移到混合液体中，因此鼓风曝气中的C_{sb}值应取扩散装置出口处和混合液水面处两个溶解度的平均值，按下列公式计算：

$$C_{sb}=C_s(\frac{P_b}{2.026\times10^5}+\frac{O_t}{42}) \quad （式4-25）$$

式中：C_{sb}——鼓风曝气池内混合液氧溶解度的平均值，mg/L；

C_s——在大气压力条件下，氧的溶解度，mg/L；

P_b——空气扩散装置出口处的绝对压力，Pa；

P——大气压力，$P=1.013\times10^5$ Pa；

O_t——空气扩散装置的氧利用效率，一般在6%～12%。

$$P_b=P+9.8\times10^3H \quad （式4-26）$$

$$O_t=\frac{21\times(1-E_a)}{79+21\times(1-E_a)}\times100\% \quad （式4-27）$$

所以，对于鼓风曝气，转移到曝气池的总氧量应为：

$$R=aK_{La(20)}[\beta\rho C_{sb(T)}-C]\times1.024^{(T-20)}V \quad （式4-28）$$

由于曝气设备生产厂家在空气扩散装置上标明的氧转移参数或在曝气设

备上标定的各种叶轮的充氧量与叶轮直径及其线速度的关系都是在标准条件（温度为20℃，气压为1个标准大气压，脱氧清水）下实际测定后提供的，因此，必须将实际条件下氧的转移量转换成标准条件下的氧转移量。

由扩散理论可得出标准条件下转移到曝气池的总氧量 R_o 的计算公式。

对于机械曝气，R_o 的计算公式为：

$$R_o = K_{La(20)} C_{s(20)} V \quad \text{（式 4-29）}$$

对于鼓风曝气，R_o 的计算公式为：

$$R_o = K_{La(20)} C_{sb(20)} V \quad \text{（式 4-30）}$$

通过式 4-22、式 4-27 和式 4-26、式 4-28 可得：

对于机械曝气，R_o 的计算公式为：

$$R_o = \frac{RC_{s(20)}}{a\left[\beta \cdot \rho \cdot C_{s(T)} - C\right] \times 1.024^{(T-20)}} \quad \text{（式 4-31）}$$

对于鼓风曝气，R_o 的计算公式为：

$$R_o = \frac{RC_{sb(20)}}{a\left[\beta \cdot \rho \cdot C_{sb(T)} - C\right] \times 1.024^{(T-20)}} \quad \text{（式 4-32）}$$

一般在稳定条件下，氧的转移量应等于曝气池中活性污泥微生物的需氧量。曝气池活性污泥的日平均需氧量，一般按式 4-6 计算，即：$RrV = a'QL_r + b'X_VV$。

由此可得出：

$$R = R_rV = a'QL_r + b'X_VV \quad \text{（式 4-33）}$$

解上述式子可得出 R 值，再将 R 值代入式 4-30 或式 4-31 中，便可得出 R_o 的值。

在一般情况下，R_o/R 的值为 1.33～1.61，即实际过程所需氧量比标准条件下所需氧量多 33%～61%。

在一般情况下，机械曝气装置是以 Q_{os} 表示叶轮在标准条件下的充氧量（kg/h）的，即 $Q_{os} = R_o$。则可根据相关公式，最终确定叶轮直径。

当选择叶轮直径时，要考虑叶轮直径与曝气池直径的比例关系。叶轮过大，可能会破坏污泥；叶轮过小，则充氧不足。在一般情况下，平板型叶轮或倒伞型叶轮直径与曝气池直径之比宜为1/5～1/3；而泵型叶轮以1/7～1/4为宜。另外，叶轮直径与池深之比可为1/4～2/5，池深过大，将影响充氧和泥水混合。因此，在根据理论公式和计算图表确定叶轮尺寸后，还应将其与池径的比例加以校核，如不符合要求，要做适当调整。

一般生产厂家常以 G_s 表示鼓风曝气设备在标准条件下的供气量（m^3/h）。若以 S 表示供氧量，则有：

$$S = G_s \times 0.21 \times 1.43 = 0.3G_s \qquad \text{（式 4-34）}$$

式中，0.21为氧在空气中所占百分比；1.43为氧的容量，以 kg/m^3 计。

而氧利用效率为：

$$E_a = \frac{R_o}{S} \times 100\% \qquad \text{（式 4-35）}$$

因各种空气扩散装置在标准状态下的 E_a 值已由厂商提供，因此，标准条件下，鼓风曝气设备的供气量可通过式式4-33、式4-34确定，即：

$$G_s = \frac{R_o}{0.3E_a} \times 100 \qquad \text{（式 4-36）}$$

R_o 值可根据式4-30确定。氧利用效率 E_a 值可在选定扩散装置类型后查表求得。常用扩散装置的氧利用效率 E_a 值和动力效率 E_P 值可参考相关数据。

由前述可知，根据式4-5求得的日平均需氧量，为了保证选定设备的安全性，还应根据最大需氧量，推求最大供氧（气）量。将曝气池设计流量换算成最高日最高时流量，再代入式4-5中，所得需氧量便为最大需氧量。需氧量是随 N_s 值而变化的，所以，表4-6列举了随 BOD_5 污泥负荷率而变化的最大需氧量与平均需氧量的比值、最小需氧量与平均需氧量的比值，设计时也可参考表中所列经验数据。

表 4-6 污泥负荷率与需氧量之间的关系

N_s/［kg/（kg·d）］	需氧量/（kg）	最大需氧量与平均需氧量的比值	最小需氧量与平均需氧量的比值
0.10	1.60	1.5	0.5
0.15	1.38	1.6	0.5
0.20	1.22	1.7	0.5
0.25	1.11	1.8	0.5
0.30	1.00	1.9	0.5
0.40	0.88	2.0	0.5
0.50	0.79	2.1	0.5
0.60	0.74	2.2	0.5
0.80	0.68	2.4	0.5
≥1.00	0.65	2.5	0.5

对于鼓风曝气，除风量外还应计算出风压，才能选定空压机的型号。对于鼓风曝气池，还要进行空气扩散装置的布置、空气管路的布置及其管径确定和风机房设计等。

3.鼓风曝气系统空气扩散装置的布置

相关人员应先根据计算出的整个系统的总供气量和每个空气扩散装置的通气量以及曝气池池底面积等数据，计算、确定空气扩散装置的数目，再对鼓风曝气系统空气扩散装置进行布置。

空气扩散装置在池底，可沿池壁一侧布置，也可呈梅花形交错布置等。空气扩散装置的间距应根据其数目及服务面积确定，力求均匀布置。

4.空气管道的布置与计算

（1）管道布置

鼓风曝气系统的空气管道是从空压机的出口到空气扩散装置的空气输送

管道，一般使用焊接钢管。小型污水处理站的空气管道系统一般为枝状；而大中型污水处理厂则宜联成环状，以平稳压力，安全供气。空气管道一般敷设在地面上，接入曝气池的管道，应高出池水面 0.5 m，以免产生回水现象。

（2）空气管道的计算

空气管道的计算一般是根据空气流量（Q）、经济流速（v），按相关数据选定管径，然后再核算压力损失，调整管径。空气管道的经济流速：干支管为 10～15 m/s；通向空气扩散装置的竖管、小支管为 4～5 m/s。

空气管道的压力损失为沿程阻力损失（h_1）与局部阻力损失（h_2）之和。关于沿程压力损失（摩擦损失），相关人员可按照空气量、管径、温度、空气压力的顺序等计算。局部阻力损失（h_2）可根据下式将各配件换算成管道的当量长度求得。

$$L_0=55.5KD^{1.2} \quad \text{（式 4-37）}$$

式中：L_0——管道的当量长度，m；

D——管径，m；

K——长度换算系数，按相关数据采用。

温度可用 30℃，空气压力按下式估算：

$$P=(H+1)\times 9.8 \quad \text{（式 4-38）}$$

式中：P——空压机所需空气压力，kpa；

H——扩散装置距水面的深度，m。

另外，空气扩散器本身的压力损失（h_3）也要考虑，一般为 4.9～9.8 kPa。

按照一般规定，空气管道和空气扩散装置的总压力损失要控制在 14.7 kPa 以内。其中，空气管道压力损失应控制在 4.9 kPa 以内。

空气管道的管路计算应从曝气池里的空气扩散装置开始，选一条最长的管路作为计算管路，在空气流量变化处设计算节点，统一编号后列表进行计算。

空压机所需压力：

$$H=h_1+h_2+h_3+h_4 \quad \text{（式 4-39）}$$

式中：h_4——空气扩散装置的安装深度（以装置出口处为准），m；

h_1、h_2、h_3的意义同前。

5.空压机的选定和鼓风机房的布置

目前，国内常用的空压机主要有罗茨空压机、离心式空压机、变速率离心空压机和轴流式通风机等。罗茨空压机噪声大，须采取消声措施，一般多用于中小型污水处理厂；离心式空压机噪声较小，效率较高，适用于大中型污水处理厂；变速率离心空压机，可根据混合液溶解氧浓度，自动调整空压机的开启台数和转速，节省能源；轴流式通风机风压一般都在 1.2 m 以下，所以仅用于浅层曝气池。

须根据每台空压机的设计风量和风压选择空压机型号。在同一供气系统中，应尽量选用同一型号的空压机。

一般应选择不少于 2 台的空压机，以适应最大供气量、最小供气量和平均供气量。此外，还要考虑空压机的备用：若工作空压机等于或少于 3 台时，须备用 1 台；若工作空压机多于或等于 4 台时，须备用 2 台。

鼓风机房一般包括机器间、配电室、进风室、值班室等。机房内外应采取防止噪声的措施。

（四）污泥回流系统的设计、计算与剩余污泥量处置

1.污泥回流系统的计算与设计

在分建式曝气池中，活性污泥从二沉池回流到曝气池时需要设置污泥回流系统，包括污泥提升装置和输送污泥的管道系统。所以，污泥回流系统的计算与设计的内容包括回流污泥量的计算与污泥提升设备的选择和设计。

（1）回流污泥量的计算

回流污泥量 Q_R 的值为：

$$Q_R = RQ \tag{式 4-40}$$

R 值可通过公式推导出，即$R = \dfrac{X}{X_R - X}$，X 和 X_R 的意义同前述。

R 值也可查表取经验数据。

在进行污泥回流设备的设计时，应按最大回流比设计，并考虑较小回流比工作的可能性。

（2）回流污泥提升装置的选择与设计

回流污泥的提升常采用污泥泵（叶片泵）或空气提升器。污泥泵常用轴流泵或螺旋泵。

轴流泵一般用于大型污水处理厂。在曝气池与二沉池之间设一个或多个污泥井，轴流泵设在污泥井旁，将污泥井里的污泥抽送至曝气池。泵的型号由污泥回流量和提升高度等确定。泵的台数视污水处理厂的规模而定。一般污水处理厂，采用 2～3 台泵。此外，污水处理厂还要根据自身的实际情况考虑备用台数。

螺旋泵一般可直接设在曝气池旁，不必另设污泥井及其他附属设备。采用螺旋泵提升回流污泥，效率较高，而且在进水水位和提升泥量变化后，其效率保持不变，也不会因污泥而堵塞，维护方便，节省能源。

螺旋泵的最佳转速，可用下列公式求定：

$$v_j = \frac{50}{\sqrt[3]{D^2}} \qquad \text{（式 4-41）}$$

螺旋泵的工作转速应满足下列要求：

$$0.6v_j < v_g < 1.1v_j \qquad \text{（式 4-42）}$$

式中：v_j——螺旋泵的最佳转速，r/min；

v_g——螺旋泵的工作转速，r/min；

D——螺旋泵的外缘直径，m。

空气提升器是利用升液管内外液体的密度差而使污泥提升的。

空气提升器适于中、小型污水处理厂的鼓风曝气池，一般设在二沉池的排泥井中或设在曝气池进泥口处专设的回流井中。由于空气提升器是利用空气提升污泥，因此，在计算鼓风设备供气量时应加上空气提升器所需要的空气量。

2.剩余污泥量的处置

为使活性污泥净化功能保持稳定，须使曝气池内的污泥浓度保持平衡。为此，每天必须从系统中排出新增长的污泥量，即剩余污泥量。剩余污泥量的值可由下式计算得出：

$$\Delta X = aQL_r - bX_V V \quad \text{（式 4-43）}$$

这里计算出的ΔX值是以干重形式表示的挥发性悬浮固体的量。在实际应用中，一般将其换算成湿重的总悬浮固体，即：

$$\Delta X = Q_s f X_R \quad \text{（式 4-44）}$$

可得：

$$Q_s = \frac{\Delta X}{f \cdot X_R} \quad \text{（式 4-45）}$$

式中：Q_s——每日从系统中排出的剩余污泥的湿重量，m^3/d；

ΔX——挥发性剩余污泥量（干重），kg/d；

f——挥发分，$f = \frac{MLVSS}{MLSS}$，一般可取 0.75；

X_R——回流污泥浓度，g/L。

剩余污泥含水率高达 99%，数量多，脱水性能差，因此其处置比较麻烦。剩余污泥的处置方法一般有如下 3 种：

第一种方法是使剩余污泥回流到初沉池，同时对初沉池进行预曝气，使其产生生物絮凝作用，提高初沉池的去除率。这种方法一般适用于小型污水处理厂。

第二种方法是将剩余污泥引入浓缩池浓缩后，再与初沉池排出的污泥一起进行厌氧消化处理。

第三种方法是将剩余污泥与初沉污泥一起引入浓缩池浓缩后排出，而不经厌氧消化处理。这种做法的前提是剩余污泥量少，且不含有毒有害物质。

（五）二沉池的设计与计算

二次沉淀池（或合建式曝气沉淀池的沉淀区）是活性污泥处理系统的重要组成部分。它的作用有两个：一是进行混合液的泥水分离，以获得澄清的出水；二是将分离出来的活性污泥重力浓缩后再回流到曝气池中进行利用。二次沉淀池对出水水质和回流污泥浓度有直接影响，也会影响曝气池的运行，从而影响整个系统的净化效果。

1.二沉池的设计

二次沉淀池设计的主要内容：一是池型选择；二是沉淀池（区）面积、有效水深及其结构尺寸的计算；三是污泥区容积的计算。

与曝气池分建的二次沉淀池，在结构上与初次沉淀池相似，即有平流式、辐流式、竖流式、斜板（管）式等多种。与曝气池分建的二次沉淀池，在使用上与初次沉淀池有些区别：大中型污水处理厂的二次沉淀池多采用机械吸泥的圆形辐流式沉淀池，中型污水处理厂也可采用方形多斗式平流式沉淀池，而小型污水处理厂一般采用竖流式沉淀池。

2.二沉池的计算

二次沉淀池（区）面积、有效水深及其结构尺寸的计算方法同初沉池，即采用表面负荷率法。但二沉池有着不同于初沉池的特点，所以在有些参数的选择上略有不同。例如，相较于初沉池，二沉池中沉降下来的污泥质轻，易被水带走，且易产生二次流和异重流现象。因此，在对平流式二沉池进行设计时，最大允许水平流速要比初沉池小 50%；而且，池水的出流堰设在距终端一定距离处，出流堰也要比初沉池的长。此外，由于进入二沉池的混合液是泥、水、气三相混合体，因此在辐流式二沉池中心管中的下降流速不应超过 0.03 m/s，以利于气、水分离；曝气沉淀池的导流区，其下降流速应为 0.015 m/s 左右。

二沉池的污泥斗应具有一定的容积，使污泥在污泥斗中有一定的时间进行浓缩，以提高回流污泥浓度，减少回流量。但污泥斗容积过大，污泥在斗中停留时间过长，会产生缺氧现象，从而失去活性并腐化。对于分建式二沉池，一般规定污泥斗的贮泥时间为 2 h 左右，不宜超过 4 h。根据物料平衡原理可得到污泥斗容积的计算公式如下：

$$\frac{1}{2}(X+X_R)V=(1+R)QXt' \quad \text{（式 4-46）}$$

$$V=\frac{t'(1+R)QX}{\frac{1}{2}(X+X_R)}=\frac{4(1+R)QX}{X+X_R} \quad \text{（式 4-47）}$$

式中：V——贮泥斗容积，m^3；

t'——污泥斗中贮泥时间，一般为 2 h；

Q——污水流量，m^3/h；

R——污泥回流比；

X——混合液污泥浓度，mg/L；

X_R——回流污泥浓度，mg/L。

合建式曝气沉淀池的污泥区容积受池子构造设计的影响。在一般情况下，当池深和沉淀区面积确定后，污泥区的容积也就确定了。这样得出的容积一般可以满足污泥浓缩的要求。

（六）出水水质的计算

活性污泥处理系统处理后的出水，既含有未去除掉的溶解性 BOD_5，又含有非溶解性 BOD_5，这些非溶解性 BOD_5 主要是二沉池出水中带出来的微生物悬浮固体。显然，溶解性 BOD_5 和非溶解性 BOD_5 都反映了出水水质。而活性污泥系统所去除的只是溶解性 BOD_5。因此，要测定活性污泥系统的净化效果（即去除率），应将非溶解性 BOD_5 从水中的总 BOD_5 值中减去。出水中非溶解性 BOD_5 值可用下列公式计算：

$$BOD_5=5\times(1.42bX_aC_e)=7.1bX_aC_e \quad \text{（式 4-48）}$$

式中：b——微生物自身氧化率，取值范围为 0.05～0.1 d^{-1}；

X_a——活性微生物在出水悬浮固体中所占的比例，一般负荷条件下，X_a取 0.4，高负荷时取 0.8，延时曝气时取 0.1；

C_e——活性污泥处理系统的出水中悬浮固体浓度，mg/L。

系数 5 为 BOD_5 的 5 天培养期，1.42 为近似表示每氧化分解 1 kg 微生物所需的氧量。

出水中总的 BOD_5 值应为：

$$BOD_5 = L_e + 7.1bX_aC_e \quad \text{（式 4-49）}$$

但是，如果 L_e 值是从搅拌过的水样中测出的，则式中的 C_e 值应按静沉后的污泥测定。

六、活性污泥法的工艺发展

如今，活性污泥法已成为世界污水处理领域里的主要技术。我国是世界上较早采用活性污泥法处理污水的国家之一。如今，我国已经运转和正在建设的污水处理厂采用活性污泥处理工艺的占大多数。此外，一些大型企业也配套地建成了大型活性污泥法工业废水处理厂。但是，活性污泥处理系统还存在着一些问题，如工艺流程太长、反应器池体太大、占地大、能耗高、管理复杂、工程造价高等。因此，世界各国有关专家和技术人员就活性污泥处理系统存在的问题，在其理论和技术应用方面进行了大量的研究工作，使得活性污泥法在工艺上有所发展。

下面，笔者对构造和工艺方面发展较快的 AB 法和间歇式活性污泥法做简要介绍。

（一）AB 法

AB 法指吸附－生物降解污水处理工艺，具有一些特点，发展很快。

1.AB 法的主要特点

第一，未设初沉池，由吸附池和中间沉淀池组成的 A 段为一级处理系统，不能充分利用原污水中的微生物。

第二，由曝气池和最终沉淀池组成B段，完成二级处理任务。

第三，A段和B段通过互不相关的两套回流系统分开，并且各段有各自不同的微生物群体，A段的活性污泥全部是细菌，而B段的微生物主要是菌胶团、原生动物和后生动物。

第四，A段污泥负荷高，污泥龄短，水力停留时间短，溶解氧浓度低，这为细菌提供了良好的环境条件；B段污泥负荷较低，水力停留时间较长，溶解氧浓度高。

第五，A段对BOD的去除率约为40%～70%，B段所承受的负荷仅为总负荷的30%～60%，曝气池容积可减少40%左右。

2.AB法的应用

AB法污水处理工艺在国外已较为成熟且应用广泛，在我国也已经推广应用。AB法污水处理工艺是一种新型的活性污泥法工艺，对BOD、COD、N、P等的去除率均高于一般活性污泥法工艺，且可节约能耗15%左右。尤其是A段负荷高，抗冲击负荷能力强，对pH值和有毒物质有很大的作用，特别是适用于处理浓度较高、水质水量变化较大的污水，既适合新建污水处理厂，也适合超负荷旧污水处理厂的改建。

（二）间歇式活性污泥法

间歇式活性污泥法，又称序批式活性污泥法（sequencing batch reactor activated sludge process, SBR），是一种间歇运行的污水生物处理工艺。

我国在肉类加工污水、制药废水、游乐场生活污水等城市污水的处理中使用了SBR。近年来，SBR在我国应用广泛。

SBR的处理系统一般由一个或多个SBR池子组成。在运行时，初沉池出来的污水分批进入SBR池中。经过活性污泥的净化后，上清液排出池外，这是一个运行周期。每个运行周期可划分为进水、反应、沉降、排放、闲置5个工序。这 5 个工序都是在曝气池一个池内依次完成的。

SBR 的特性主要有以下几点：

第一，对水量水质变化的适应性强。

第二，序批式反应为非稳态反应，池内生物相复杂，微生物种类多。

第三，在单一的反应池内能进行除 N、P 反应。

第四，在 SBR 处理系统中，污泥指数 *SVI* 低，且活性污泥菌胶团密实，通常不发生丝状菌膨胀现象。另外，SBR 的产泥量也较少。

由于运行操作比较烦琐，曝气装置易于堵塞等原因，SBR 在其开创期并未得到推广应用。近几十年来，污水处理厂均基本实现自动化操作的运行管理，这就为 SBR 的应用创造了条件。

第二节　生物膜法

污水的生物膜法是与活性污泥法并列的一种污水好氧生物处理技术，其应用历史比活性污泥还要早。活性污泥法是以在曝气池内呈流动状态的絮凝体作为净化微生物的载体，并通过吸附在絮凝体上的微生物来分解有机物的。与此相反，生物膜法是使污水长时间与滤料或某种载体流动接触，污水中的细菌、原生动物、后生动物等微生物便会附着在滤料或某种载体上生长繁殖，并在其上形成膜状生物污泥——生物膜，污水中的有机污染物质作为营养物质被生物膜上的微生物所摄取，微生物得以繁衍增殖，污水得到净化。

生物膜法分为生物滤池法、生物转盘法、生物接触氧化法和生物流化床法等。它们的设备构造差异很大，但其作用原理是相同的。

一、生物膜的净化机理

生物膜一般在形成后的 30 天便可成熟。生物膜是高度亲水物质，污水不断在其表面更新，在此条件下，其外侧总是存在着一层附着水层。生物膜又是微生物高度密集的物质，在其表面和一定深度的内部生长繁殖着大量的微生物和微型动物，并形成有机物—细菌—原生动物（后生动物）的食物链。在污水与生物膜不断流动接触的过程中，生物膜的内外层以及生物膜与水层之间一直进行着多种物质的传递：空气中的氧先溶解于流动水层中，再通过附着水层传递给微生物，供微生物用以呼吸；污水中的有机污染物则由流动水层传递给附着水层，然后进入生物膜，通过细菌的代谢活动而被降解；微生物的代谢产物如 H_2O，则通过附着水层进入流动水层，并被排走；而分解产生的气体则从水层逸出进入空气中。随着微生物的不断增加，生物膜增厚到一定程度时，氧不能透入的里侧深部，就会转变为厌氧层。厌氧层与好氧层在一开始可保持一定的平衡与稳定关系，直到厌氧层加厚到一定程度，过多的代谢产物（如 NH_3、H_2S、CH_4 等气体）向外侧逸出，通过好氧层时，会破坏好氧层生态系统的稳定状态，加之气态产物的不断逸出，也减弱了生物膜在滤料上的固着力，这时的生物膜便成为老化生物膜。老化生物膜净化功能差、易脱落。当生物膜脱落后，滤料或载体上又会生成新生物膜。脱落后的生物膜随着水流到后续处理构筑物中，最终沉淀下来，以污泥形式排出。

二、生物膜法的主要特点

（一）生物膜的生态多样性

生物膜法的一个显著特征是生物膜上的微生物种类多样。由于生物膜提供了一个稳定且安静的生长环境，各种微生物，包括细菌、真菌、原生动物和后生动物等，都能在其上找到适宜的生存空间。这种生态多样性不仅丰富了生物膜上的生态系统，还形成了一条长长的食物链。在这个复杂的生态系统中，不同种类的微生物相互配合，共同完成对有机物的降解和转化。例如，某些微生物负责分解大分子有机物，将其转化为小分子物质；而其他微生物则进一步利用这些小分子物质进行生长和繁殖。这种协同作用提高了污水处理的效率和效果。

此外，生物膜上生长的硝化菌和亚硝化菌在氮的转化过程中发挥着重要作用。这些微生物能够将氨氮转化为硝酸盐或亚硝酸盐，从而使生物膜法具有一定的硝化功能。这对于去除污水中的氮元素、防止水体富营养化具有重要意义。

（二）对水质、水量变化的适应性

生物膜法另一个显著的特征是对水质、水量变化具有较强的适应性。生物膜上的微生物种类繁多，它们能够在不同水质条件下对污染物进行降解。当污水中污染物的种类或浓度发生变化时，生物膜上的微生物能够迅速调整自身的代谢途径和酶活性等，以适应新的环境条件。同时，生物膜的结构也有助于微生物对水质、水量等变化的适应。生物膜的多层结构使得不同种类的微生物能够在不同的层次上生长和繁殖，从而形成一个具有层次性的生态系统。这种结构使得生物膜能够同时处理多种污染物，并在水质、水量变化时保持相对稳定的处理效果。

（三）低温条件下的净化功能

在低温条件下，许多生物处理方法的效率会受到严重影响。然而，生物膜法却能在低温条件下保持一定的净化功能。这是因为生物膜上的微生物在长时间的进化过程中逐渐适应了低温环境，形成了一套独特的代谢机制和酶活性调节方式。

在低温条件下，虽然微生物的代谢速率会降低，但生物膜的多层结构和微生物的多样性使得其仍然能够保持一定的处理效果。此外，一些耐寒性强的微生物在低温条件下仍然能够保持较高的活性，从而确保生物膜法在低温条件下的净化功能。

（四）老化脱落的生物膜比重大，易于固液分离

生物膜在生长过程中会不断老化、脱落，这些脱落的生物膜具有较高的比重。这一特点使得生物膜法在后续处理过程中具有较大的优势。

老化脱落的生物膜中富含微生物和有机物质，通过固液分离可以将其从污水中有效去除。这不仅有助于提高出水水质，还能减少后续处理的负担。同时，固液分离过程中产生的污泥量相对较少，能降低污泥处理和处置的成本。

（五）能够处理低浓度污水

生物膜法还具有处理低浓度污水的能力。由于生物膜上的微生物种类繁多且代谢途径多样，它们能够高效降解低浓度污水中的有机物。此外，生物膜的多层结构和较大的比表面积使得其与污水的接触更加充分，从而提高了处理效果。在处理低浓度污水时，生物膜法能够保持较高的去除率和稳定的出水水质。这使得该方法在处理城市生活污水、工业废水中具有广泛的应用前景。随着技术的不断进步和优化，生物膜法在处理低浓度污水方面的优势也更加凸显。

另外，生物膜法与活性污泥法处理污水的流程基本相同，只是根据处理工艺的不同，可以对生物膜处理设备进行多种组合。

由于难以人为控制附着在膜表面上的微生物数量，因而生物膜法的缺点主要有以下几点：在运行、操作方面缺乏灵活性；膜的比表面积小，使得BOD的容积负荷受到限制，降低了空间利用效率；等等。

三、生物膜法的工艺

下面，笔者重点介绍几种生物膜法的工艺。

（一）生物滤池法

生物滤池法是以土壤自净原理为依据，在污水灌溉实践的基础上发展起来的人工生物处理技术。生物滤池通过几个阶段的发展，已从低负荷发展为高负荷。根据出现的先后及其负荷高低和构造形式，生物滤池又可分为普通生物滤池、高负荷生物滤池和塔式生物滤池 3 种。

1.普通生物滤池

普通生物滤池，又名滴滤池，是生物滤池早期出现的类型，即第一代生物滤池。

（1）普通生物滤池的构造

普通生物滤池由池体、滤料、布水装置和排水系统等 4 部分组成。池体在平面上多呈圆形、方形或矩形，池壁用砖石筑造。池壁可带孔洞，以利于滤料内部通风，但低温时影响净化效果。滤料是生物滤池的主体，它对生物滤池的净化功能有直接影响。在一般情况下，污水处理厂多选用实心拳状滤料，如碎石、卵石、炉渣和焦炭等，也可选人工滤料如塑料球、小塑料管等。布水装置的主要任务是向滤池表面均匀地洒污水。排水系统设于池的底部，它的作用主要有两点：一是支撑滤料；二是排除处理后的污水。

（2）普通生物滤池的工作过程

普通生物滤池的工作过程是：由布水管通过布水装置向滤池表面均匀喷洒污水，污水沿着滤料的空隙从上而下流动。滤料一般分工作层和承托层两层。在污水流经滤料表面时，就会形成生物膜。在生物膜成熟后，栖息在膜上的微生物会摄取污水中有机污染物质作为营养，并将其氧化分解，使污水得到净化。净化后的水通过池底的排水系统排至池外。

（3）普通生物滤池的适用范围与优缺点

普通生物滤池一般适用于处理 $Q \leqslant 1000\ m^3/d$ 的小城镇污水或有机性工业废水。普通生物滤池的主要优点如下：处理效果好，BOD_5 的去除率可达 95%以上，而且能得到经硝化处理的出水；运行稳定，易于管理，节省能源。

普通生物滤池的主要缺点如下：负荷低，占地面积大；滤料易堵塞，易产生滤池蝇，影响环境卫生；等等。正是因为普通生物滤池具有这些缺点，所以近年来已较少使用。

2.高负荷生物滤池

高负荷生物滤池是生物滤池的第二代工艺。它是在普通生物滤池的基础上，通过限制进水 BOD 值和运行上采取处理水回流等降低了进水浓度，又提高了滤池的水力负荷。

在构造方面，高负荷生物滤池与普通生物滤池基本相同，但也有一些差异。高负荷生物滤池在表面上多为圆形，滤料多用由聚氯乙烯、聚苯乙烯等材料制成的呈波形板状、列管状和蜂窝状等的人工滤料。此外，高负荷生物滤池多采用旋转布水器进行布水。

3.塔式生物滤池

塔式生物滤池，简称塔滤，出现于 20 世纪 50 年代初，属第三代生物滤池。近年来，塔式生物滤池得到了广泛应用。

（1）塔式生物滤池的构造

塔滤一般高达 8～24 m，直径为 1～3.5 m，外形呈塔状，由塔身、滤料、布水系统、通风及排水装置等组成。

塔滤的塔身分层砌造，分层处设格栅，每层设检修孔。塔滤的滤料宜采用轻质滤料。塔滤的布水装置可采用固定喷嘴式布水系统或旋转布水器。塔底留有通风孔进行自然通风，也可在塔顶和塔底安设风机进行机械通风。

（2）塔式生物滤池的特点

塔滤内部通风良好，污水由上而下滴落，水量负荷率高，滤池内部水流紊动强烈，污水、空气和生物膜三者接触充分。

塔滤的水力负荷率较高负荷生物滤池高 2～10 倍。塔滤的 BOD 容积负荷率也较高负荷生物滤池高 2～3 倍。较高的有机负荷使生物膜生长迅速，高水力负荷率又使生物膜受到强烈的水力冲刷，从而使生物膜不断脱落、更新，这使得塔滤内的生物膜能够经常保持较好的活性。但是，生物膜生长过程较短，易于产生滤料堵塞的现象。因此，若采用塔滤一般应将进水 BOD_5 值控制在 500 mg/L 以下，否则须采取处理水回流稀释措施。

在塔滤内的各层滤料中都生长着种属不同但适应流到该层污水性质的生物集群，因此塔滤能承受较大有机物和有毒物质的冲击负荷。

（3）塔式生物滤池的优缺点与适用情况

塔滤的主要优点是占地面积大大减小，对水量水质突变的适应性较强。

塔滤的缺点是在地形平坦处需要的污水抽升费用较大，且由于池高，运行管理也不太方便。

塔滤既适用于处理生活污水，也适用于处理各种有机性的工业废水，但只适用于处理水量小的小型污水处理厂。

（二）生物转盘法

生物转盘，又称浸没式生物滤池，生物转盘法是 20 世纪 60 年代开创的一种污水生物处理技术。它的工作原理和生物滤池基本相同，但构造形式却和生物滤池大不相同。

1.生物转盘的构造及其工作过程

（1）生物转盘的构造

生物转盘由盘片、接触反应槽、转轴及驱动装置四部分组成。盘片一般采用圆形或正多边形的平板。接触反应槽的断面呈半圆形，槽两侧设进、出水设备。对多级生物转盘，反应槽分为若干格，格与格之间设导流槽。转轴两端固定安装在接触反应槽两端的支座上。转盘的驱动装置又包括动力设备、减速装置以及传动链条等。

（2）生物转盘的工作过程

污水由设在接触反应槽一侧的进水装置流入槽内，转盘盘片面积的40%～50%浸没在槽内污水中。由电机减速器和传动链条组成的驱动转盘，以较低的线速度在槽内转动，并交替与空气及污水相接触。盘片的作用与生物滤池中的滤料相似。经一段时间转动后，盘片上即附着一层滋生大量微生物的生物膜。当盘片的一部分浸入污水时，污水中的有机物被生物膜所吸附、降解，污水得以净化，微生物获得丰富营养而繁殖。当转盘转出水面与空气接触时，生物膜上的固着水层又从空气中吸收氧，并将其传递到生物膜和污水中，使槽内污水的溶解氧含量达到一定浓度。如此反复循环，污水中的有机物在好氧微生物作用下不断得到氧化、分解。这样，盘片上的生物膜也逐渐增厚，当其内部形成厌氧层并开始老化时，老化的生物膜在污水水流与盘片之间产生的剪切力作用下剥落。剥落的破碎生物膜在沉淀池内被截留而得到去除。

2.生物转盘的设计计算

（1）转盘总面积

$$A=\frac{QS_o}{N_A}\qquad\text{（式 4-50）}$$

式中：A——转盘总面积，m^2；

Q——平均日污水量，m^3/d；

S_o——原污水 BOD 值，g/m^3；

N_A——BOD 面积负荷，g/（m^2·d）。

或按水力负荷率计算：

$$A=\frac{Q}{N_q}\qquad\text{（式 4-51）}$$

式中，N_q——水力负荷率值，m^3/（m^2·d）。

（2）转盘总片数

直径为 D 的圆形转盘的总片数：

$$M=\frac{4A}{2\pi D^2}=0.637\times\frac{A}{D^2} \quad （式 4-52）$$

式中：M——转盘总片数；

D——圆形转盘直径；

应注意考虑盘片双面的平均有效面积，对其他形式的转盘则根据具体情况决定。

单片转盘面积为 a 的多边转盘的总片数：

$$M=\frac{A}{2a} \quad （式 4-53）$$

式中，a 为每片多边形转盘或波纹板转盘的面积。

（3）每台转盘的转轴长度

若采用 n 级（台）转盘，则每级（台）转盘的盘片数为 $m=M/n$。所以，每（台）转盘的转轴长度为：

$$L=m(d+b)K \quad （式 4-54）$$

式中：L——每台（级）转盘的转轴长度，m；

m——每台（级）转盘盘数；

d——盘片间距，m；

b——盘片厚度，与所采用的盘材有关，根据具体情况确定，一般取值为 0.001～0.013 m；

K——污水流动的循环沟道的系数，一般取 1.2。

（4）接触反应槽容积

接触反应槽容积与槽的形式有关。当采用半圆形接触反应槽时，接触反应槽总有效容积 V 为：

$$V=(0.294\sim0.335)(D+2\sigma)^2 l \quad （式 4-55）$$

而净有效容积 V'为：

$$V'=(0.294\sim0.335)(D+2\sigma)^2(l-mb) \quad （式 4-56）$$

式中：σ——盘片边缘与接触反应槽内壁之间的净距，m；

r——转轴中心距水面的高度，一般为 150～300 mm。

当$\frac{r}{D}=0.1$时，系数取 0.294；$\frac{r}{D}=0.06$时，系数取 0.335。

（5）转盘的旋转速度

转盘转速以不超过 20 r/min 为宜，但也不能太小，否则若水力负荷较大，接触氧化槽内的污水得不到完全混合。

达到混合目的的最小转数的计算公式为：

$$n'_{\min}=\frac{6.37}{D}\times(0.9-\frac{1}{N_q})\qquad（式 4-57）$$

（6）电动功率

$$N_P=\frac{3.85R^4n'_{\min}}{d\times10}\cdot m\alpha\beta\qquad（式 4-58）$$

式中：R——转盘半径，cm；

m——一根转轴上的盘片数；

α——同一电动机带动的转轴数；

β——生物膜厚度系数。当膜厚 0～1 mm 时，生物膜厚度系数取 2；当膜厚 1～2 mm 时，生物膜厚度系数取 3；当膜厚 2～3 mm 时，生物膜厚度系数取 4。

（7）污水在接触氧化槽内的停留时间 t_a

$$t_a=\frac{V'}{Q}\qquad（式 4-59）$$

式中：t_a——平均接触氧化时间，h；

V'——氧化槽有效容积，m^3；

Q——污水流量，m^3/d。

3.生物转盘处理系统的工艺特征及其适用情况

生物转盘处理系统在工艺方面主要有以下特征：

第一，微生物浓度高。据实际测定，生物转盘上的生物膜量如折算成曝气池的 *MLVSS*，其浓度可达 40 000～60 000 mg/L，*F*/*M* 值为 0.5～0.1。这是生物转盘法污水处理效率高的一个主要原因。

第二，耐冲击负荷能力强。对于 BOD 值达 10 000 mg/L 以上的超高浓度有机污水和 10 mg/L 以下的超低浓度污水，都可采用生物转盘法处理。

第三，微生物食物链长，污泥龄长且生物相在工艺流程中明显分级，有利于有机物的降解。

第四，接触反应槽内无须曝气，污泥也无须回流，因此动力费用低。

另外，设计合理、运行正常的生物转盘，不易产生滤池蝇，不散发臭味，不产生泡沫，也不产生噪声。

生物转盘法是一种效果好、效率高、便于维护、运行费用低的污水生物处理技术。但是由于生物转盘盘片直径受到一定的限制，当处理水量很大时，需要很多盘片，因此建造费用较高。此外，生物转盘占地面积较大。因此，这种处理技术仅适用于水量较少的工业废水、生活污水（尤其是医院污水）的处理。一般处理水量小于 1000～2000 m^3/d。在寒冷地区，生物转盘应采取保温措施或建于室内。

生物转盘二级处理系统流程可用于处理较高浓度的有机废水。

（三）生物接触氧化法

生物接触氧化法，又称淹没式生物滤池、接触曝气法，是在池内填置填料，使曝气而充氧的污水浸没全部填料，并以一定的流速流经填料，待填料上生满生物膜后，使污水与生物膜广泛接触，从而使污水中的有机物被生物膜上的微生物所分解而得到去除，使污水得到净化的方法。

据上所述，生物接触氧化法是一种介于活性污泥法与生物滤池法两者之间的生物处理技术，可以说是具有活性污泥法特点的生物膜法。当原污水浓度低时，活性污泥法具有不易使污泥维持正常状态的缺点，因此生物接触氧化法应运而生。生物接触氧化法在系统构造、曝气方法、工艺、功能及运行等方面具有一定的特征。

1.生物接触氧化法系统构造

生物接触氧化法的中心处理构筑物是接触氧化池。接触氧化池由池体、填料、布水装置和曝气系统等几部分组成。接触氧化池的池体在平面上多呈圆形、矩形或方形，池内填料多采用蜂窝状填料、波纹板状填料和软性填料等。布水装置和曝气系统同生物滤池法基本相同。

2.生物接触氧化法的曝气方法及曝气位置

生物接触氧化法的曝气方法同活性污泥法一样，可采用鼓风曝气和机械曝气。但是，生物接触氧化法曝气装置的位置却与曝气池不同。

根据曝气装置的位置，接触氧化池分为分流式接触氧化池与直流式接触氧化池。

分流式接触氧化池，就是使污水在单独的隔间内进行充氧，充氧后的污水又缓慢流经充填着填料的另一隔间，与填料和生物膜充分接触。若分流式接触曝气池中心为曝气区，其周围外侧为充填填料的接触氧化区，则为中心曝气型；若填料设在池的一侧，另一侧为曝气区，则为单侧曝气型。

直流式接触氧化池一般是直接在填料底部设曝气装置，多采用鼓风曝气方法。我国多采用直流式接触氧化池。

此外，生物接触氧化法在运行方面还具有一些特征：生物相丰富；生物膜表面积大，提高了氧利用效率；具有去除 BOD、脱氮、除磷功能；可用于三级处理等。

3.生物接触氧化法的工艺流程

生物接触氧化法的工艺流程，可分为一级处理流程、二级处理流程和多级处理流程。

（1）一级处理流程

一级处理流程是生物接触氧化法的初级处理阶段，主要目的是去除污水中的大颗粒物质和悬浮物，减轻后续生物处理的负担。这一流程通常由格栅、调节池和初沉池等构筑物承担。

污水首先通过格栅，这一步去除较大的悬浮物和固体颗粒，防止其进入后续处理单元造成堵塞。格栅的设计须考虑污水中固体颗粒的大小和数量等，确保能够有效拦截。

调节池用于调节水质和水量，保证进入生物接触氧化池的水流稳定。在调节池中，污水应混合均匀，以减少水质波动对后续处理的影响。

初沉池主要用于去除污水中的可沉固体物质，进一步减轻后续生物处理的负荷。初沉池的设计须考虑污水的停留时间、沉淀效果等，以确保固体颗粒的有效沉降。

经过一级处理后，污水中的大颗粒物质和悬浮物被去除，这为后续的生物处理创造了有利条件。

（2）二级处理流程

二级处理流程是生物接触氧化法的核心部分，主要通过生物接触氧化池去除污水中的有机物。这一流程的关键是生物膜的培养和维护。

在生物接触氧化池中，污水与生长在填料上的生物膜充分接触。生物膜上的微生物通过吸附和降解作用，将污水中的有机物转化为无机物和水。填料的选择和设计对生物膜的生长、活性等至关重要。因此，在选择填料时，相关人员应考虑填料的材质、形状和比表面积等因素。

为了维持生物膜的活性，需要向生物接触氧化池中持续充氧。曝气系统的设计和运行对生物处理效果具有重要影响。合理的曝气强度和时间安排能够确保生物膜上的微生物得到充足的氧气供应，从而提高有机物的降解效率。

在二级处理流程结束后，污水中的有机物被大幅去除，水质得到显著改善。

（3）多级处理流程

在某些情况下，为了进一步提高出水水质或满足特定排放标准，生物接触氧化法可能需要采用多级处理流程。多级处理流程通常包括多个生物接触氧化池或其他深度处理单元的组合。

通过串联多个生物接触氧化池，可以增加污水与生物膜的接触时间，提高降解效率。每个池中的生物膜可以针对不同类型的有机物进行降解，从而提高整体处理效果。

在多级处理流程中，还可以加入其他深度处理单元，如过滤、消毒等，以进一步去除污水中的悬浮物、细菌和其他有害物质。这些单元的选择和设计需根据具体的水质要求和排放标准来确定。

多级处理流程能够显著提高出水水质，但也会增加处理成本。因此，在实际应用中，相关人员须综合考虑处理效果、经济性和可操作性等因素合理选择处理流程。

4.生物接触氧化法的优缺点及其适用范围

生物接触氧化法的优点是处理能力大，污泥生产量少，不产生污泥膨胀的危害，而且处理效率高，能够保证出水水质。

生物接触氧化法的缺点是若设计或运行不当，填料易堵塞，曝气、布水不易均匀等。

生物接触氧化法除可以用于处理生活污水外，还可用于石油、化工、纺织、造纸、食品加工和发酵酿酒等行业的工业废水的处理。

第五章　城市污水的生物处理技术

第一节　污水的厌氧生物处理技术

厌氧生物处理，是指在厌氧条件下，形成厌氧微生物所需要的营养条件和环境条件，通过厌氧菌和兼性菌的代谢作用，对有机物进行生化降解的过程。厌氧生物处理技术是在厌氧条件下，兼性厌氧和厌氧微生物群体将有机物转化为甲烷和二氧化碳的过程，又称厌氧消化。

厌氧生物处理过程中的厌氧微生物主要有产甲烷细菌和产酸发酵细菌。厌氧生物处理转化成的无机物主要是沼气（甲烷、二氧化碳的混合气体）和水，沼气可作为能源被回收。

厌氧生物处理技术最初仅用于处理城市污水处理厂的沉淀污泥，即污泥消化，后来用于处理高浓度有机废水。该技术的基建和运行管理费用都较高，限制了它在各种有机废水处理中的应用。

近年来，国内外专家对厌氧生物处理技术进行了大量的研究，在工艺条件和反应器构造等方面都取得了重大进展。厌氧生物处理技术从处理高浓度有机污水到处理中浓度以至低浓度污水，发酵温度也从传统的高温、中温发展到常温。此外，一些新型高效厌氧生物处理反应器也相继出现，如厌氧生物滤池、升流式厌氧污泥床、厌氧流化床、厌氧生物转盘等。

与好氧生物处理相比，厌氧生物处理的特点主要有以下几点：厌氧反应池不受供氧速率的限制，其中固体停留时间比水力停留时间高出 10～100 倍，且有高浓度的微生物；单位容积反应池的负荷远高于好氧生物处理系统，反应池容积可大为减少。此外，厌氧生物处理还具有节能、运行费用低，剩余污泥量少的特点，但它对有机物的降解效果不及好氧生物处理，出水水质往往不能满足排放要求。好氧生物处理降解有机物的效果较好，运行较稳定，出水水质也较好。如果高浓度有机污水和某些中等浓度的有机污水经过厌氧生物处理仍达不到污水排放的水质要求，往往要采用先厌氧生物处理后好氧生物处理的组合方式进行处理。以厌氧生物处理代替常规好氧生物处理工艺中的一级处理，可减少 50%以上的污泥负荷，以减轻后续好氧生物处理单元的负担，达到最大限度地降低能耗和运行费用、提高处理效果的目的。

一、厌氧生物滤池

厌氧生物滤池是一种利用厌氧微生物在滤料表面生长形成的生物膜，通过生物膜上的微生物降解有机物的处理装置。利用厌氧生物滤池进行污水处理，既能够去除悬浮物，又能够降解有机物。

（一）厌氧生物滤池的工作原理

当污水流经厌氧生物滤池时，有机物被滤料上的厌氧微生物吸附并降解。这些微生物在无氧或低氧环境下，通过厌氧呼吸作用将有机物转化为沼气和水。

具体来说，首先，污水通过布水系统均匀分布在滤料层上，滤料上附着的厌氧微生物开始降解有机物。其次，随着时间的推移，生物膜逐渐增厚，微生物种类和数量也随之增加，从而提高了有机物的降解效率。最后，经过处理的污水通过排水系统排出。

（二）厌氧生物滤池的滤料选择

滤料是厌氧生物滤池的核心组成部分，其选择对处理效果有着至关重要的影响。理想的厌氧生物滤池的滤料应具备良好的透水性、较大的比表面积以及适宜的孔隙率，以便为微生物提供充足的附着空间和良好的生长环境。

常用的滤料包括砂石、陶粒、活性炭等。这些材料不仅具有良好的物理性能，还能够为微生物提供适宜的生存环境。在选择厌氧生物滤池的滤料时，要考虑其机械强度、化学稳定性以及生物相容性等，以确保厌氧生物滤池的长期稳定运行。

（三）厌氧生物滤池的运行管理

厌氧生物滤池的运行管理涉及多个方面，包括进水水质和水量的控制、滤料的清洗与更换、温度与pH值的监测与调节等。

进水水质和水量的控制是保证厌氧生物滤池处理效果的关键。过高或过低的有机物浓度都会对微生物的活性产生影响，因此需要对进水进行预处理和调节。随着运行时间的延长，滤料上的生物膜会逐渐增厚，可能导致堵塞和处理效果降低，因此滤料应定期清洗或更换。此外，温度和pH值也是影响微生物活性的重要因素，相关人员要密切关注这些因素并对其进行相应调节。

在实际操作中，相关人员可以通过自动化控制系统来实现对厌氧生物滤池的精确管理。例如，可利用传感器监测温度、pH值和溶解氧等参数，通过自动调节系统调整进水流量、沼气收集等设备的运行状态，以确保厌氧生物滤池的稳定运行。

（四）厌氧生物滤池的优缺点

1.厌氧生物滤池的优点

厌氧生物滤池具有以下优点：

（1）结构简单，易于操作和维护

厌氧生物滤池结构简单，操作过程也较为简单，易于操作和维护，这在一定程度上降低了运行和维护成本。

（2）能耗低，环保节能

厌氧生物滤池主要依靠微生物的自然降解作用，无须额外能源，能耗低。此外，厌氧生物滤池产生的沼气可作为可再生能源使用，因此厌氧生物滤池具有环保节能的优势。

（3）去除效率高

厌氧生物滤池能够有效去除污水中的有机物，去除效率高，这在一定程度上减轻了后续处理工艺的负荷。

2.厌氧生物滤池的缺点

然而，厌氧生物滤池也存在一些缺点：

（1）对进水水质和水量变化敏感

在厌氧生物滤池中，若进水水质和水量发生较大变化，可能会对微生物的活性产生影响，从而影响处理效果。因此，对进水进行严格的预处理、对水量适时进行调节是很有必要的。

（2）需要定期清洗和更换滤料

随着运行时间的延长，滤料上的生物膜会逐渐增厚，可能导致堵塞，从而降低处理效果。因此，需要定期对滤料进行清洗或更换，这增加了运行成本。

（3）可能产生异味

在厌氧环境下，部分有机物可能会产生异味，对周边环境造成一定影响。因此，需要采取适当的措施进行除臭处理。

二、厌氧流化床

厌氧流化床是使附着微生物的填充材料的有效表面积最大，而填充材料所占反应槽的体积最小，保证体系内附着的活性微生物浓度最大的反应器。厌氧流化床结合了流化床技术和厌氧生物处理技术的优点，能够有效处理高浓度有机废水。

（一）厌氧流化床的工作原理

在厌氧流化床反应器中，通过泵送或气体搅拌等方式，污水与细小的固体颗粒（载体）可形成流化状态。这些固体颗粒通常吸附有厌氧微生物，形成生物膜。当污水流经反应器时，生物膜上的微生物会降解污水中的有机物，生成沼气和无机物。

流化状态能确保污水与生物膜的充分接触，提高传质效率和反应速率。此外，厌氧环境有助于厌氧微生物的生长和活动，促进其高效降解有机物。产生的沼气可以通过专门的收集系统收集并利用。

（二）厌氧流化床的载体选择

在厌氧流化床中，载体的选择至关重要，因为它不仅影响着生物膜的附着和生长，还直接关系到处理效果。

理想的厌氧流化床载体，应具有以下特点：

1.良好的流化性能

厌氧流化床载体应具有适宜的密度和粒径分布，以便在流化床中形成良好的流化状态。

2.高比表面积

厌氧流化床载体应提供足够的表面积，以供微生物附着和生长，从而增加生物量。

3.较好的化学稳定性和生物相容性

厌氧流化床载体应能耐污水的化学腐蚀，并对微生物无毒害作用。

4.选择合适的材料

常用的厌氧流化床载体材料包括砂子、活性炭、陶瓷颗粒等。这些材料通常具有良好的物理和化学性质，能够满足厌氧流化床的要求。

在选择厌氧流化床载体时，还应考虑成本、来源以及再生利用的可能性等。

（三）厌氧流化床的运行管理

厌氧流化床的运行管理主要关注进水水质和水量的控制、反应器的温度与pH 值调节，以及载体的补充与更换等。保持稳定的进水水质和水量是保证处理效果的关键。此外，由于厌氧微生物对温度和 pH 值较为敏感，因此相关人员应密切关注并调整这些参数，以维持最佳的处理条件。随着运行时间的延长，载体上的生物膜会逐渐增厚，可能影响处理效果，因此定期补充或更换载体也是很有必要的。

（四）厌氧流化床的优缺点

1.厌氧流化床的优点

厌氧流化床具有以下优点：

（1）处理效率高

由于流化状态和生物膜的高效传质作用，厌氧流化床能迅速降解有机物，缩短处理时间。

（2）耐冲击负荷能力强

由于生物量大且分布均匀，厌氧流化床对进水水质和水量的变化具有较强的适应性，耐冲击负荷能力强。

（3）节能环保

厌氧流化床产生的沼气可作为能源使用，因此厌氧流化床对外部能源的依赖较小，更加节能环保。此外，使用厌氧流化床时无须曝气装置，这在一定程度上降低了能耗和运行成本。

2.厌氧流化床的缺点

然而，厌氧流化床也存在一些缺点：

（1）对专业人员要求高

厌氧流化床的运行管理相对复杂，需要专业人员进行操作和维护。此外，载体的选择和更新也需要专业人员的参与。

（2）对预处理要求高

为了确保厌氧流化床反应器的稳定运行、延长生物膜的寿命，相关人员应对进水进行严格的预处理，去除大颗粒杂质、有害物质等。

（3）可能产生堵塞问题

如果载体选择不当或运行管理不善，载体可能堵塞，生物膜可能过厚，这都会影响处理效果。因此，定期清洗、更换载体是很有必要的。

三、厌氧生物转盘

厌氧生物转盘是一种利用转盘上的生物膜降解有机物的厌氧生物处理技术。该技术结合了生物转盘和厌氧生物处理技术，适用于处理中低浓度的有机废水。

（一）厌氧生物转盘的工作原理

厌氧生物转盘主要是利用转盘上生长的生物膜来降解污水中的有机物。转盘通常由一系列圆形盘子组成，这些盘子在污水中缓慢旋转。当转盘浸入污水中时，厌氧微生物会附着在转盘表面，形成一层生物膜。

随着转盘的旋转，生物膜会周期性地与污水接触和暴露在空气中。在厌氧区域，生物膜中的厌氧微生物会分解有机物，产生沼气和无机物。当转盘旋转到空气中时，生物膜得到氧气供应，有助于微生物的生长和恢复活性。

重要的是，转盘的设计使得生物膜能够不断更新，保持活性，并且有助于防止堵塞。这种周期性的浸没和暴露也有助于生物膜的更新，有助于污水的均匀处理。

（二）厌氧生物转盘的设计

转盘设计是厌氧生物转盘技术的核心。要想做好厌氧生物转盘的设计，应注意材料的选择、转盘的直径和转盘的间距、转盘的转速以及转盘在污水中的浸没深度等。

1.材料的选择

转盘通常由耐腐蚀、耐磨损的材料制成，如塑料、玻璃钢或不锈钢等，以确保其在污水环境中的长期稳定。

2.转盘的直径和转盘的间距

转盘的直径和转盘的间距需要精心设计，以最大化生物膜的附着面积，同时确保污水能够均匀流过转盘间隙，实现有效的物质交换。

3.转盘的转速

转盘的转速也是极其重要的，它影响着生物膜的更新速率和污水与生物膜的接触时间。转盘的转速过快可能导致生物膜脱落，转速过慢则可能影响处理效率。

4.转盘在污水中的浸没深度

转盘在污水中的浸没深度也是设计时需要重点考虑的因素。转盘在污水中的浸没深度在一定程度上决定了生物膜与污水的接触面积、时间等。

（三）厌氧生物转盘的运行管理

厌氧生物转盘的运行管理主要关注转盘转速的控制、污水的进水方式和水质水量的稳定等。

转盘的转速要适中，既要保证生物膜与污水的充分接触，又要避免过快导致生物膜的脱落。

合理的进水方式和水质水量的稳定也是确保处理效果的关键因素。此外，相关人员需要定期对转盘进行清洗和维护，以去除过厚的生物膜和积累的污垢。

（四）厌氧生物转盘的优缺点

1.厌氧生物转盘的优点

厌氧生物转盘具有以下优点：

（1）高效降解

通过周期性的浸没和暴露，转盘上的生物膜能够高效降解有机物，同时保持生物膜的活性。

（2）节能环保

厌氧生物转盘对化石燃料的依赖较小，节能环保。

（3）操作灵活

通过调整转速、浸没深度等参数，厌氧生物转盘可以灵活应对不同的污水处理需求。

2.厌氧生物转盘的缺点

然而，厌氧生物转盘也存在一些缺点：

（1）技术要求高

厌氧生物转盘的设计和运行相对复杂，技术要求高，需要专业人员进行精确的控制和维护。

（2）空间占用大

相比其他厌氧生物处理技术，厌氧生物转盘可能需要占用更多的空间，特别是在处理大量污水时。

（3）需要进行生物膜管理

生物膜的过度增长可能导致转盘堵塞，影响处理效果。因此，相关人员要密切监控生物膜的生长情况，并定期进行清洁和维护。

好氧生物处理技术与厌氧生物处理技术各有优缺点：好氧生物处理技术效果好，对 BOD 和 COD 的去除率高，处理后水质基本可达到排放要求；但运行过程中能耗较高，尤其是对于高浓度有机废水，能耗会更高。而且有些废水中含有很多难于生物降解的有机物，仅仅运用好氧技术难以达到处理目的；而厌氧生物处理技术，处理过程中不需要供氧，能耗低，只是处理效率不高。因此，联合好氧和厌氧技术处理废水，尤其是高浓度有机废水，可以同时利用两种生物处理技术的优点。

好氧与厌氧联合运用，即先厌氧，再好氧。通过厌氧过程，可将难以生物降解的复杂有机物分解为小分子的有机物，再通过好氧过程进一步降解，可以有效提高处理效率。而且，厌氧过程初步降低了有机物浓度，可使好氧过程节省能耗。同时，采用缺氧与好氧工艺相结合的流程，还可以达到生物脱氮的目的，如 A/O 法（厌氧-好氧法）。近年来，又出现了厌氧－缺氧－好氧法（A^2O 法）和缺氧－厌氧－好氧法（倒置 A^2O 法），可以在去除 BOD 和 COD 的同时，脱氮除磷。

第二节　稳定塘处理技术

稳定塘，又称氧化塘或生物塘，是一种利用人工修整的池塘处理污水的构筑物，其对污水的净化过程和天然水体的自净过程很相近。

稳定塘处理技术和土地处理技术基本上都是利用生物的自然净化功能，使污水得到净化的处理技术，所以常被称为自然生物处理法。而活性污泥法和生物膜法则称为人工生物处理法。

稳定塘是经过人工适当的修整并设有围堤和防渗层的池塘。污水在塘内经较长时间的缓慢流动、贮存，通过细菌、真菌、藻类及原生动物等的代谢活动，使污水中的有机物降解，使污水得到净化。水中的溶解氧主要是由塘内生长的藻类通过光合作用提供的，塘面的复氧则起辅助作用。

一、稳定塘的净化机理

稳定塘的塘水中存活着细菌、藻类、微型动物（即原生动物与后生动物）、水生植物等。这些不同类型的生物，构成了稳定塘内的生态系统，而不同类型的稳定塘所处的环境条件不同，其中形成的生态系统各有特点。

稳定塘对污水的净化作用主要是通过稀释作用、沉淀和絮凝作用、微生物的代谢作用等完成的。

污水进入塘后与塘内已有的污水先进行一定程度的混合，得到一定稀释。这虽然没有改变污染物的性质，却降低了其中各项污染指标的浓度，为进一步的净化创造了条件。

塘内的污水所挟带的悬浮物质，在重力作用下，沉于塘底，这有助于污水中 BOD、COD 等指标的降低。此外，塘水中含有大量的具有絮凝作用的生物分泌物，在其作用下，污水中的细小悬浮颗粒聚集成大颗粒，沉于塘底成为沉积层。沉积层通过厌氧分解趋于稳定。

异养型好氧菌和兼性菌对污水中有机污染物的代谢作用，是稳定塘内污水净化的关键因素。通过好氧微生物的代谢作用，稳定塘能够取得较高的有机物去除率，如 BOD 去除率在 90%以上，COD 去除率可达 80%。而厌氧微生物的代谢作用主要发生在厌氧塘内和兼性塘塘底的沉积层内。

稳定塘内存活的多种浮游生物，也从不同的方面发挥着各自的作用。例如：稳定塘内的藻类的主要功能是供氧，同时也可去除 N、P 等元素；稳定塘内的原生动物、后生动物等的主要功能是吞食游离细菌、细小的悬浮状污染物和污泥颗粒等；稳定塘内的水生植物，可以吸收 N、P 等，还可以富集重金属。

二、稳定塘的分类与特点

稳定塘是一种利用天然净化能力对污水进行处理的构筑物的总称。所谓稳定塘处理技术，通常是指将土地进行适当的人工修整，建成池塘，并设置围堤和防渗层，依靠塘内生长的微生物来处理污水的技术。稳定塘污水处理系统具有基建投资和运转费用低、维护和维修简单、便于操作、能有效去除污水中的有机物和病原体、无须污泥回流系统等优点。

根据不同的标准，稳定塘可以分为不同的类型。按照占优势的微生物种属和相应的生化反应，稳定塘可分为好氧塘、兼性塘、曝气塘、厌氧塘等。

（一）好氧塘

1.好氧塘的净化过程

好氧塘深度较浅，一般在 0.5 m 左右，阳光能够直接透入塘底，塘内存在着藻、菌、原生动物等的共生系统。在阳光照射的情况下，塘内生长的藻类可在光合作用下释放出大量的氧，塘面也由于风力的搅动进行自然复氧，使塘内的水保持良好的好氧状态。在水中生长繁殖的好氧异养微生物通过其本身的代谢活动对有机物进行氧化分解，而其代谢产生的 CO_2 便是藻类光合作用的碳源。藻类摄取 CO_2 及 N、P 等无机盐类，并利用太阳光能合成其基本的细胞质，并释放出氧气。藻类也具有从水中直接吸取污染物的功能。但要对藻类进行适当的处理，否则会造成二次污染。此外，原生动物、后生动物对好氧塘的净化功能也起着一定的作用。

2.好氧塘的优缺点

（1）优点

第一，构造简单、运行维护方便。好氧塘的结构相对简单，通常只需要挖掘一个适当大小的池塘并设置围堤和防渗层即可。此外，好氧塘的运行维护也相对方便，无须复杂的机械设备和专业的操作人员。

第二，好氧塘的建设和运行成本相对较低。一方面，好氧塘的建设成本远低于传统的污水处理设施；另一方面，好氧塘主要依靠自然净化作用进行处理，因此其运行成本也相对较低。

第三，生态环境效益显著。好氧塘中的生物群落丰富多样，包括微生物、藻类、水生植物等。这些生物在净化废水的同时还能吸收二氧化碳并释放氧气，有助于改善周围的生态环境。此外，好氧塘还能为水生生物提供栖息地并促进生物多样性的增加。

（2）缺点

第一，占地面积大。为了达到较好的处理效果，好氧塘通常需要较大的占地面积。因此，土地资源紧张的地区往往不宜使用好氧塘。

第二，处理效果受环境因素影响大。好氧塘的处理效果受到温度、光照、风速等环境因素的影响较大。例如，在低温或阴雨天时，微生物的活性会降低，这会影响处理效果。

第三，可能产生二次污染。如果好氧塘的管理不当或者超负荷运行，可能会导致出水水质不达标甚至产生二次污染的问题。例如，如果塘底沉积物过多且未及时清理，可能会影响水质并引发异味等问题。

（二）厌氧塘

1.厌氧塘的净化过程

厌氧塘塘深一般在 2.5 m 以上，最深可达到 4.5 m 或 5.0 m。厌氧塘是依靠厌氧菌的代谢功能使有机污染物得到降解的。厌氧塘表面形成的浮渣层，具有保护厌氧菌和减弱光合作用的功能。

在厌氧塘反应系统中，产酸菌和甲烷菌共存，二者不是直接的食物链关系，产酸菌的代谢产物——有机酸、醇和氢等是甲烷菌的营养物质。产酸菌是由兼性菌和厌氧菌组成的群体，而甲烷菌则是专性厌氧菌。另外，反应的最终产物 CH_4 可作为能源加以回收。

2.厌氧塘的优缺点

厌氧塘的优点有许多，如不需供氧、能够接受高负荷、处理高浓度污水时污泥量少等。厌氧塘也具有许多缺点，如：厌氧塘对 BOD 的处理效率不高；厌氧塘整个塘水均呈厌氧状态，净化速度太慢，污水停留时间长；塘内污水的污染浓度高，易污染地下水，且会散发臭味；水面上的浮渣层虽然对保护塘内水温有利，但易滋生小虫，影响环境卫生。

厌氧塘多用于处理浓度高、水量少的有机废水，如肉类加工、食品工业、畜生饲养场等排放的废水。

（三）兼性塘

兼性塘深 1.0～2.5 m。一般情况下，兼性塘可分为 3 层：

第一，好氧层。塘的上层，阳光能照射透入的部位，为好氧层，其净化功能同好氧塘。

第二，厌氧层。厌氧层在塘的底部。沉淀的污泥和死去的藻类、菌类形成污泥层，也就是厌氧层。

第三，兼性层。好氧层与厌氧层之间为兼性层。在这一层，当白天有溶解氧时，微生物进行好氧反应；当夜晚缺氧时，微生物进行厌氧反应。

兼性塘的主要优点有：对水量水质的冲击负荷有一定的适应能力；处理水中所含的藻类浓度低于好氧塘；基建投资与维护管理费用低；等等。

兼性塘的主要缺点有：在兼性塘厌氧层进行的厌氧反应，经常散发恶臭；会出现浮渣上浮的现象，给运行管理造成困难。

兼性塘的净化功能体现在多方面，除了能去除城市生活污水和工业废水中的有机污染物外，还能够比较有效地去除某些较难降解的有机化合物，如木质素、合成洗涤剂、农药等。因此，兼性塘适用于处理城市生活污水和化工、造纸、石油等的工业废水。

（四）曝气塘

曝气塘是安装人工曝气设备的稳定塘，可看作是没有回流的完全混合式曝气池。

曝气塘一般采用机械曝气，即表面叶轮或机械转刷曝气。

曝气塘可分为好氧曝气塘和兼性曝气塘两类。当曝气装置的功率较大，足以使塘中全部生物污泥都处于悬浮状态，并可向塘水提供足够的溶解氧时，即为好氧曝气塘；如果曝气装置的功率仅能使部分固体物质处于悬浮状态，还有一部分固体物质沉积塘底，进行厌氧分解，即为兼性曝气塘。

经过人工强化，曝气塘的净化功能、净化效果及工作效率都明显高于一般类型的稳定塘，污水在塘内的停留时间短，所需容积及占地面积都较少。但由于采用人工曝气措施，能耗增加，运行费用也有所提高。

（五）深度处理塘

还有一种稳定塘是深度处理塘。深度处理塘的处理对象是常规二级处理工艺的处理水、与二级处理技术相当的稳定塘出水等。深度处理塘可使处理水达到较高的水质标准，以适应受纳水体或回用水对水质的要求。

三、稳定塘处理的工艺流程及其组合

根据各地的具体条件与要求不同，稳定塘的处理流程可以有多种组合方案，但其基本流程为污水→格栅→前处理→稳定塘系统→后处理。

为了防止稳定塘淤积，在污水进入稳定塘之前，应对其进行以去除水中悬浮物质为中心环节的预处理。一般当原污水中的悬浮物含量在 100 mg/L 以下时，可考虑设沉砂池，以去除砂质颗粒；当原污水悬浮物含量大于 100 mg/L 时，可考虑设沉砂池和沉淀池。

后处理是在排放水体之前对稳定塘的处理水进行的除藻处理。因为好氧塘和兼性塘的处理水中含有大量的藻类，所以应去除处理水中的藻类，以免造成二次污染。去除处理水中的藻类，一般是用自然沉淀、混凝-气浮、混凝沉淀、气浮和过滤等方法，其中混凝-气浮法使用得比较多。

对于城市污水，若稳定塘系统内 BOD 不高，一般以兼性塘为首塘。常用的工艺流程是兼性塘—厌氧塘—好氧塘。对于高浓度有机污水，多以厌氧塘为首塘，在后续单元考虑兼性塘、好氧塘或其他可利用的稳定塘。此外，各类塘均可设单级或多级串联，也可并联。

四、稳定塘处理技术的优缺点

（一）稳定塘处理技术的优点

稳定塘处理技术的优点主要有以下几点：

1.能够充分利用地形，工程简单，基建投资少

稳定塘一般是在一些农业开发利用价值不高的废河道、沼泽地、峡谷等的基础上经人工修整而成，能够充分利用地形，工程简单，基建投资少。

2.能实现污水资源化，使污水处理与利用相结合

稳定塘处理的污水，一般能够达到农业灌溉的水质标准，可用于农业灌溉，充分利用污水的水肥资源。稳定塘内能够形成藻菌水生植物、浮游生物、底栖动物、鱼、水禽等多级食物链，组成复合的生态系统，能实现污水资源化，使污水处理与利用相结合。

（二）稳定塘处理技术的缺点

稳定塘处理技术也存在一些缺点：污水停留时间长，占地面积大；季节、气温、光照等自然因素对污水的净化有很大影响；若防渗处理不当，地下水可能遭到污染；易散发臭气和滋生蚊蝇，影响环境卫生；等等。

总的来说，稳定塘不仅能用来处理污水，而且是一种利用污水的有效技术。

第三节　土地处理技术

污水的土地处理技术是将污水有控制地投配到土地上，通过土壤、微生物、植物组成的生态系统净化污水的一种处理工艺。

土地处理技术的净化机理很复杂，包括物理过滤、物理吸附、物理沉积、物理化学吸附、化学反应、微生物降解有机物等过程。其中，污水中的BOD大部分是在土壤表层，由栖息在土壤中的微生物进行降解去除；污水中的氮主要通过植物吸收、微生物脱氮等方式去除；污水中的磷主要通过植物吸收、化学反应和沉淀等方式去除；污水中的悬浮物质及大部分病毒和病菌主要通过作物和土壤颗粒间孔隙的截留、过滤过程去除；污水中的重金属则通过物理吸附、化学反应和沉淀等途径去除。

土地处理技术能够经济有效地净化污水，还能充分利用污水中的营养物质种植农作物、牧草等，既能创造经济效益，还可以改良土壤，保护环境。近年来，污水的土地处理技术逐渐得到推广。

污水的土地处理系统由污水预处理设施，污水调节和贮存设施，污水的输送、投配及控制系统，土地净化田，净化水的收集与利用系统等几部分组成。

常用的污水土地处理技术有以下几种：慢速渗滤、快速渗滤、地表漫流、湿地处理和地下渗滤处理等技术。

一、慢速渗滤技术

慢速渗滤技术是将污水通过表面布水或喷灌布水方式投配到种有作物的土地表面，让污水垂直向下缓慢渗滤，使一部分污水直接被作物所吸收，使一部分污水渗入土壤中，从而使污水得到净化。

为保证污水中的成分与土壤中微生物有较长的接触时间，要减慢污水在土壤层中的渗滤速度，所以污水投配负荷一般较低。

慢速渗滤技术适用于渗水性能良好的土壤和蒸发量小、气候湿润的地区，其对污水的净化效率很高，一般 BOD 的去除率在 95%以上，COD 去除率达 85%～90%，氮的去除率高达 70%～80%。土地上种植的作物类型可根据处理污水的目的来选择。例如，当以净化污水为主要目的时，可选择多年生牧草；若以污水利用为目的，则应种植谷物。

二、快速渗滤技术

快速渗滤技术是周期性地向具有良好渗透性能的渗滤田灌水、休灌，使滤田表层土壤处于缺氧、厌氧、好氧交替运行状态，利用土壤过滤截留、氧化还原、沉淀、生物硝化及反硝化、微生物降解等作用，使污水得到净化。由于表层土壤交替处于缺氧、厌氧、好氧等状态，所以快速渗滤技术还有利于氮、磷的去除。

快速渗滤技术是一种高效、低耗、经济的污水处理与再生方法，其主要用于补给地下水和废水的再生回用。当用于废水的再生回用时，须设地下集水管或井群以收集再生水。

为保证有较大的渗滤速率，进入快速渗滤系统的污水应进行适当的预处理，一般将一级处理作为预处理，有时需要以二级处理作为预处理，以加大渗滤速率或保证高质量的出水水质。

快速渗滤技术净化效果很好，在一般情况下，对 BOD 的去除率可达 95%，对 COD 的去除率可达 91%，对氨、氮的去除率可达 85%，对磷的去除率可达 65%。

三、地表漫流技术

地表漫流技术是将污水以喷灌法或漫灌法有控制地投配到种有多年生牧草、地面坡度较小、土壤渗透性能差的土地上，使污水以薄层方式沿土地缓慢流向设在坡脚的集水渠，使污水在漫流过程中得到净化，将尾水收集后排放或利用。

地表漫流技术适用于渗透性能较差的黏土、亚黏土，地面最佳坡度为2%～8%。污水需要经格栅、筛滤等预处理后才可进入地表漫流系统。地表漫流技术对 BOD 的去除率为90%左右，对总氮的去除率为70%～80%，对悬浮物的去除率为90%～95%。

四、湿地处理技术

湿地处理技术是一种利用低洼湿地和沼泽地处理污水的技术，即将污水有控制地投配到种有芦苇、香蒲等耐水性、沼泽性植物的湿地上，使污水在沿一定方向流动的过程中，在植物和土壤的共同作用下得以净化。

湿地处理技术主要利用的是生长在沼泽地的维管束植物。繁茂的维管束植物可以向其根部输送光合作用产生的氧，使根区附近的微生物能够维持正常的生理活动，从而有效降解污水中的有机物。此外，维管束植物也能够直接吸收和分解有机污染物。

将天然洼淀、苇塘进行人工修整，中设导流土堤而成的湿地，称为天然湿地。天然湿地的水深一般在 30～80 cm，净化作用类似于好氧塘，适宜做污水的深度处理。

用人工筑成水池、床槽的湿地为人工湿地。人工湿地的底面一般要铺设隔水层以防渗水，再填充一定深度的土壤层，种植作物。当在土壤层中种植维管束植物时，一般污水由湿地一端进入，在地表上推流，流至另一端溢入集水沟，在流动过程中，污水始终保持着自由水面。这称为自由水面人工湿地。

若在土壤下层再填充一层炉渣或碎石等，可在土壤层种植芦苇等耐水植物，将下层作为植物的根系层；也可以在床内只填充碎石、砾石等，将芦苇直接种植在碎石或砾石的孔隙中。这种湿地可称为人工潜流湿地。当填充碎石、砾石时，充填深度应根据种植的植物根系能够达到的深度而定。在一般情况下，芦苇的植物根系深达 60～70 cm，那么碎石、砾石的充填深度应为 10～30 mm。

近年来，我国利用人工湿地系统处理雨水或污水后回灌地下水或补充景观水、处理生活污水后用于小区中水源等工程实例越来越多。

人工湿地系统的设计参数可采用以下经验值：水力停留时间为 7～10 d；长宽比要大于 10/1；投配负荷率为 2～20 cm/d；布水深度，夏季为 10 cm，冬季为 30 cm；种植植物可选择芦苇、香蒲、灯芯草、蓑衣草等；湿地坡度小于 3%；人工湿地面积可按下列公式估算：

$$F=65.7Q \tag{式 5-1}$$

式中：F——人工湿地面积，m^2；

Q——污水设计流量，m^3/d。

五、地下渗滤处理技术

地下渗滤处理技术是将污水投配到距地面约 0.5 m 深且有良好渗透性的地层中，在土壤的渗滤作用和毛细管作用下，污水向四周扩散，通过过滤、沉淀、吸附和生物降解作用等使污水得到净化。

污水需经过化粪池或酸化水解池的预处理才可以进入地下渗滤处理系统。

地下渗滤处理技术适用于未与城市排水系统接通的分散建筑物排出的小流量污水，如分散的居住小区、旅游景点、度假村、疗养院等的污水。

第六章　城市污水的三级处理与深度处理

第一节　城市污水的三级处理

一般城市污水经过二级处理后即可达到排放要求，若要进一步提高出水水质，则还需在二级处理之后增加工艺，即进行三级处理。若出水要满足回用要求，可在二级处理之后增加混凝、过滤工序；若使出水满足要求的重点在于有机物难降解，可增加活性炭吸附工序，或增加投加粉末活性炭的活性污泥工艺，或采用化学氧化法。

下面，笔者对城市污水三级处理的投加粉末活性炭的活性污泥工艺、活性炭吸附、化学氧化法等进行介绍。

一、投加粉末活性炭的活性污泥工艺

所谓投加粉末活性炭的活性污泥工艺，就是将活性炭直接加入曝气池中，使生物氧化和物理吸附同时进行的工艺。

粉末活性炭的投加量与混合液悬浮固体浓度、污泥龄等参数有关。若污泥龄增加，那么单位活性炭去除有机物的量也会增加，这在一定程度上可提高系统的处理效率。

粉末活性炭投加量一般为20～200 mg/L，具体可用下式计算：

$$\rho_p=\rho_i\theta/t$$　（式 6-1）

式中：ρ_p——混合液悬浮固体浓度，即粉末活性炭与污泥浓度之和，mg/L；

ρ_i——粉末活性炭的投加量，mg/L；

θ——污泥龄，d；

t——水力停留时间，d。

二、活性炭吸附

活性炭是一种具有弱极性的多孔吸附剂，具有发达的细孔结构和巨大的比表面积。活性炭吸附就是利用活性炭固体表面对水中杂质进行吸附，以达到净化水质的目的。活性炭对污染物的吸附有两种方式：一种是吸附质通过范德华力吸附到活性炭表面，即物理吸附；一种是吸附质和活性炭表面之间有电子交换或共享而发生的化学反应，二者之间有化学键形成，通常称为化学吸附。

同样活性炭对有机物的去除也受有机物的特性、活性炭的孔径等的影响。同样大小的有机物，溶解度越小、亲水性越差、极性越弱的，活性炭对其吸附效果越好；反之，活性炭对它的吸附效果就越差。活性炭的孔径也决定了活性炭对不同相对分子质量大小有机物的去除效果。在一般情况下，对相对分子质量在 500～3000 的有机物，活性炭有良好的去除效果；对相对分子质量小于500、大于 3000 的有机物，活性炭没有去除效果。

由于活性炭只能够吸附相对分子质量在 500～3000 的有机物，而这一区间的有机物只是水中有机物的一部分，这就使得活性炭对水中有机物的去除率不高。为了提高活性炭的吸附能力和对水中有机物的去除效果，就需要把水中的大分子有机物氧化为小分子有机物。

三级处理中的活性炭的吸附对象主要是传统活性污泥法出流中难降解的化合物及残余的无机化合物（如氮、硫化物等）。

要想使活性炭能真正处理二级处理不能处理的污染物，要尽可能降低二级处理水中溶解性有机物的浓度，可在应用活性炭前设置滤池，来去除二级出水中以悬浮颗粒形态存在的有机物。

三、化学氧化法

化学氧化法，是指利用化学氧化剂将污染物转化为稳定、低毒性或无毒性的物质的方法。

应用化学氧化法可降低残留有机物的浓度，减少水中细菌、病毒的数量。常用的化学氧化剂有氯气、臭氧等。

氯气和臭氧在氧化废水中有机物所需的剂量与达到的处理程度成正比。在实际应用氯气、臭氧时，相关人员应进行试验，以确定最佳用量，大致用量范围可参考表 6-1 中的数据。

表 6-1　氧化二级出水中残留有机物所需化学药剂剂量

化学药剂	作用	剂量/（kg/1 kg 有机物）	
		范围	参考值
氯气	降低 BOD 浓度	1.0～3.0	2.0
臭氧	降低 COD 浓度	3.0～8.0	6.0

第二节　城市污水的深度处理

城市生活污水或工业废水经一级、二级处理后，为了达到一定的回用水标准使污水作为水资源回用于生产或生活的进一步水处理过程，称为深度处理，如二级处理后的脱氮除磷工艺。

一般情况下，城市污水经二级处理后，出水中常含有一定量的氮、磷等化合物，总氮的浓度范围一般为20～50 mg/L，磷的浓度范围一般为6～10 mg/L。氮、磷是植物生长所需的重要元素，有助于水生生物的生长。若出水中含有大量的氮、磷化合物，会引起水体的富营养化，从而影响水质。

如今，我国有些湖泊已出现不同程度的富营养化现象。要想控制水体的富营养化，必须限制氮、磷的排放。

下面，笔者对城市污水深度处理中的氮、磷的去除方法分别进行介绍。

一、氮的去除方法

城市污水中的氮主要以有机氮、氨氮、亚硝酸氮和硝酸氮4种形态存在。它们主要来源于生活污水、工业废水、地表径流等。城市污水中的有机物在二级处理过程中被生物降解氧化后，其中的有机氮被转化为氨氮，排入水体的氨氮过多，将会导致水体富营养化。因此，二级处理的出水有时需进行脱氮处理。氮的去除方法主要有物理化学法脱氮和生物脱氮2种。

（一）物理化学法脱氮

常用于脱氮的物理化学法有吹脱法、折点加氯法和离子交换法。这些方法主要用于工厂内部污水的处理。

1.吹脱法

水中的氨氮是以NH_3与NH_4两种形态共存的，其平衡关系为：

$$NH_3+H_2O \rightarrow NH_4^{+}+OH^{-} \qquad \text{（式6-2）}$$

这一平衡关系受pH值影响。当pH值为11左右时，污水中的氨呈饱和状态，此时让污水流过吹脱塔，然后曝气，便可以使氨从污水中逸出，这就是吹脱法。为提高污水的pH值，吹脱法常常需要加石灰。但石灰的加入，会使吹脱塔发生碳酸钙结垢现象，影响其运行。此外，NH_3的释放也会造成空气污染。

所以，大多污水处理厂会让吹脱塔排出的气体通过硫酸溶液以吸收 NH_3。

2.折点加氯法

当水中有机物主要为氨和氮化物，其实际需氯量满足后，加氯量、余氯量增加，但是后者增长缓慢；一段时间后，加氯量增加，余氯量反而下降；此后加氯量增加，余氯量又上升。此折点后继续加氯消毒效果更好，称为折点加氯。在折点加氯法中，主要存在下列反应：

$$Cl_2+H_2O \rightarrow HOCl+H^++Cl^- \quad （式 6-3）$$

$$NH_4+HOCl \rightarrow NH_2Cl+H^++H_2O \quad （式 6-4）$$

$$NH_4+2HOCl \rightarrow NHCl_2+H^++2H_2O \quad （式 6-5）$$

$$2NH_4+3HOCl \rightarrow N_2+5H^++3Cl^-+3H_2O \quad （式 6-6）$$

加氯脱氮时采用的加氯量应以折点相应的加氯量为准。为了减少氯的投加量，此法常与生物硝化联用，先硝化再去除残留的微量氨氮。

3.离子交换法

离子交换是溶液中的离子与某种离子交换剂上的离子进行交换的作用或现象，是借助固体离子交换剂中的离子与稀溶液中的离子进行交换，以达到提取或去除溶液中某些离子的目的。

当用离子交换法去除氨氮时，常用沸石做离子交换剂。与合成树脂相比，这种天然离子交换剂价格便宜且可用石灰再生。

（二）生物脱氮

传统的二级处理对氮、磷的去除率较低，如对于活性污泥法，氮的去除率为 20%～30%，而磷的去除率仅为 10%～30%。城市污水处理厂主要采用生物脱氮来进一步提高氮的去除率。

污水的生物脱氮是在微生物的作用下，将有机氮和氨态氮转化为 N_2 和 N_xO 气体。该过程中氨的转化包括同化、氨化、硝化和反硝化作用。

同化作用：

$$氨氨或有机氮 \longrightarrow 细胞 \qquad （式 6\text{-}7）$$

氨化作用：

$$有机氮化合物 \xrightarrow{氨化菌} NH_3 \qquad （式 6\text{-}8）$$

氨化作用过程与 BOD 的去除同时进行、同时结束。

硝化作用：

$$氨氮（NH_4）\xrightarrow{硝化细菌} 硝酸氮（NO_3^-） \qquad （式 6\text{-}9）$$

反硝化作用：

$$NO_2、NO_3 \xrightarrow[缺氧]{反硝化菌} N_2 \qquad （式 6\text{-}10）$$

缺氧环境中的溶解氧浓度一般为 0～3 mg/L。

硝化和反硝化作用过程受温度、溶解氧、酸碱度、碳氮比、有毒物质等的影响。

常用的生物脱氮工艺有传统三段生物脱氮工艺、二段生物脱氮工艺、巴颠甫生物脱氮工艺、缺氧-好氧生物脱氮工艺。

1.传统三段生物脱氮工艺

图 6-1 所示为传统的三段生物脱氮工艺流程。该工艺分别将有机物去除、硝化和反硝化反应分别在三个独立的反应器内进行，并分别回流。在反硝化反应器中，借助机械搅拌可使污泥处于悬浮状态，以获得良好的泥水混合效果。在实际的处理过程中，需要向反硝化反应器额外投加甲醇等碳源。若运用此工艺，具有不同功能的微生物可在各自的生长环境中生存，能取得良好的去除 BOD_5 和脱氮效果。但该工艺的流程长、要处理构筑物多、基建费用高，还需要投加额外的碳源，因此运行费用也较高。

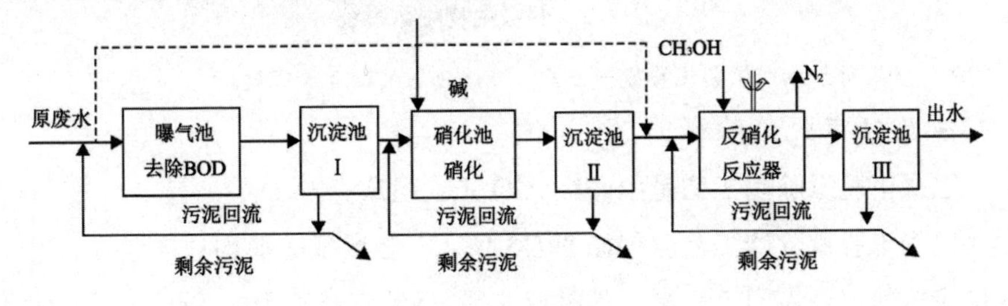

图 6-1　传统三段生物脱氮工艺流程

2.二段生物脱氮工艺

针对传统三段生物脱氮工艺的缺点，有关学者进行了初步的改进，将有机物去除、硝化在一个反应器中进行。二段生物脱氮工艺相对于传统三段生物脱氮工艺，虽然缩短了工艺流程，减少了基建费用，但仍需要向反硝化池中投加碳源。

针对这种缺点，有学者提出了两级生物脱氮系统，如图 8-2 所示。两级生物脱氮系统的主要特点是将部分原废水引入反硝化反应器中，作为脱氮池的碳源（即利用了内碳源），这样不用外加碳源，节省了费用，还降低了去碳硝化池的负荷。但是，原废水中的碳源多为复杂的有机物，反硝化菌利用这些碳源进行脱氮反应的速度有所降低，出水的 BOD_5 值略有上升。为了保证将出水中的 BOD_5 值控制在较低水平，可在反硝化反应器后增设一个水力停留时间小于 60 min 的曝气池。此流程虽能保证处理出水中的 BOD_5 值，但由于流程较长，工程总投资和运行管理费用较高。

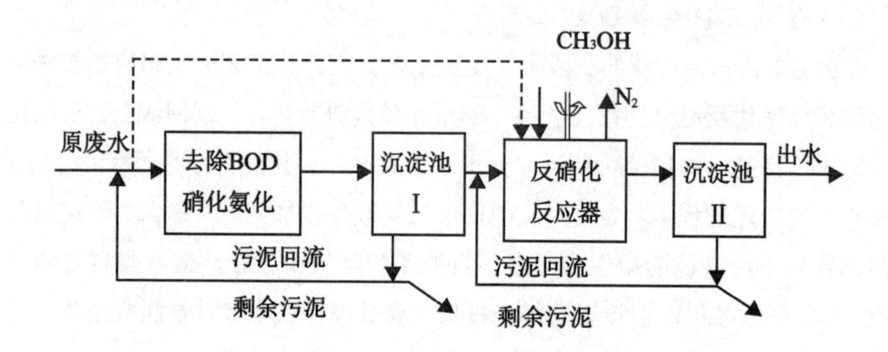

图 6-2　两级生物脱氮系统

注：虚线所示为可能实施的另一方案，沉淀池也可以考虑布设。

3.巴颠甫脱氮除磷工艺

巴颠甫脱氮除磷工艺是由两级 A/O 工艺组成。

巴颠甫脱氮除磷工艺流程如图 6-3 所示。各段反应池均独立运行。第一好氧反应器的混合液回流至第一厌氧反应器，回流混合液中的 NO_x 在反硝化菌的作用下以原废水中的含碳有机物为碳源在第一厌氧反应器中进行反硝化反应，出水进入第一好氧反应器，在此进行含碳有机物的氧化、含氮有机物的氨化和氨氮的硝化作用，同时，第一厌氧反应器产生的 N_2 经曝气吹脱释放。第一好氧反应器中混合液流入第二厌氧反应器，反硝化菌利用混合液中的内源代谢产物进一步反硝化，同样反硝化作用产生的 N_2 在第二好氧反应器中得到吹脱释放，从而改善污泥的沉淀性能。溶菌作用产生的 NH_4^+ 也在第二好氧反应器中得到优化。该工艺的脱氮效率为 90%～95%。

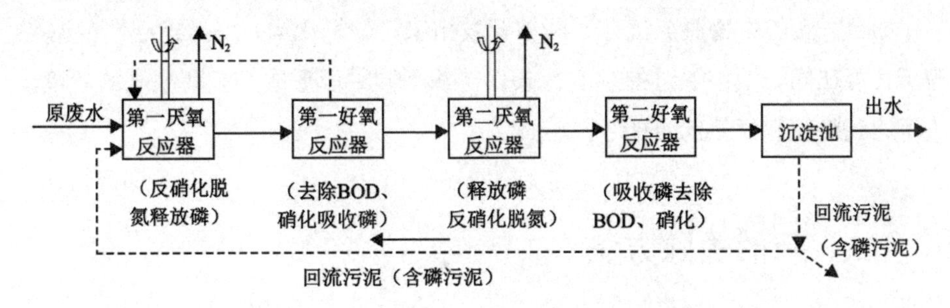

图 6-3　巴颠甫脱氮除磷工艺流程

4.缺氧-好氧生物脱氮工艺

缺氧-好氧生物脱氮工艺将反硝化段设置在系统的前面，因此又称为前置式反硝化生物脱氮工艺，是目前应用较为广泛的一种脱氮工艺。反硝化反应以污水中的有机物为碳源，曝气池中含有大量硝酸盐的回流混合液，在厌氧反应器中进行反硝化脱氮。反硝化反应产生的碱度可补偿硝化反应所消耗的碱度。该工艺流程简单，无须外加碳源，因而基建费用及运行费用较低，脱氮效率一般在 70%左右；但由于出水中含有一定浓度的硝酸盐，在二沉池中，有可能进行反硝化反应，造成污泥上浮，影响出水水质。

5.同步硝化反硝化工艺

当将生物脱氮过程中的硝化和反硝化两个阶段通过不同运行条件和工艺操作方式的合理设计而使其在同一处理构筑物内同时实现时，此过程称为同步硝化反硝化。

实现同步硝化反硝化的方式主要有两种：

第一，通过硝化和反硝化过程，合理设计处理构筑物内不同区域的曝气强度，混合液循环流动、进水的点位，从而在同一时间、不同区域进行硝化和反硝化而实现脱氮。这种方式的常见形式为人工湿地污水处理技术、氧化沟工艺等。

第二，在同一处理构筑物内按时间序列运行，控制不同时间段的供氧、有机质，使活性污泥同时存在好氧和缺氧的环境。这种方式也有助于实现同步硝化反硝化，常见形式如 SBR 工艺。

如今，新的生物脱氮工艺不断被开发出来，如氧化沟、序批式活性污泥法等，其可在同一池中通过控制运行条件，在不同时段形成好氧和缺氧的环境，从而达到除碳和脱氮的目的。

二、磷的去除方法

污水中磷的主要来源为粪便、洗涤剂等。城市污水中的含磷物质基本上都是不同形式的磷酸盐，按其化学特性可分为正磷酸盐（简称“正磷”）、聚合磷酸盐（简称“聚磷”）和有机磷酸盐（简称“有机磷”）。

在常规的二级生物处理工艺中，这些含磷化合物除少量用于微生物自身生长代谢的营养物质之外，大部分难以去除，会随二级处理出水排入受纳水体。一般情况下，当水体中磷的含量超过 0.5～1.0 mg/L 时，就易产生富营养化现象。磷不同于氮，不能形成氧化体或还原体，向大气释放，但具有以固体形态和溶解形态相互循环转化的性能。污水除磷技术就是以磷的这种性能为基础而开发的。常用的污水除磷方法有：使磷成为不溶性的固体沉淀物而从污水中分离出去的化学除磷法；使磷以溶解态被微生物所摄取，与微生物成为一体，并随同微生物从污水中分离出去的生物除磷法。

（一）化学除磷法

化学除磷法是最早采用的一种除磷方法。它是以磷酸盐能和某些化学物质如铝盐、铁盐、石灰等反应生成不溶的沉淀物为基础进行的。化学除磷法包含两个过程，即先投加化学药剂将溶解性磷酸盐转化成不溶性的悬浮颗粒，然后再分离悬浮颗粒，以达到除磷目的。

1.混凝法

运用混凝法除磷是比较可靠的。混凝法是通过在原废水或二级处理出水中投加混凝剂生成磷的聚合物沉淀而使磷得到去除的方法。常用的混凝剂有硫酸铝、硫酸亚铁、聚合氯化铝、石灰等。

采用石灰作为除磷的絮凝剂的做法在国内外较为普遍。相关反应式如下：

$$5Ca^{2+}+3PO_4^{3-}+OH^-\rightarrow Ca_5(PO_4)_3(OH)\downarrow \quad （式 6-11）$$

$$Ca^{2+}+CO_3^{2-}\rightarrow CaCO_3\downarrow \quad （式 6-12）$$

研究表明，当 pH 值为 11.5 时，若采用石灰作为除磷的絮凝剂这一做法，磷的去除率可达 99%，但其产泥量比用其他絮凝剂要多，同时易在池子、管道等上结垢。此外，大量含石灰沉渣的污泥需要处置，费用较高。

混凝法的除磷效率较高，但因药剂费原因系统运行费用偏高。混凝法很容易利用已有装置来除磷，运转灵活性较大。

2.晶析法

晶析法除磷的原理是利用相关反应生成羟基磷灰石，并使其晶析，从而顺利除磷。

$$10Ca^{2+}+2OH^-+6PO_4^{3-}\rightarrow Ca_{10}(PO_4)_6(OH)_2\downarrow \quad （式 6-13）$$

运用晶析法除磷不会产生污泥，且除磷效果稳定。晶析法处理二级生物处理出水与混凝法效果相同，但设备面积可减少 1/3～1/2，维护管理费可减少 2/3，是一种更为有效的除磷方法。

（二）生物除磷法

所谓生物除磷是利用聚磷菌一类的微生物在好氧条件下过量吸收污水中的溶解性磷酸盐，并将磷以聚合的形态贮藏在菌体内，形成高磷污泥，然后将其排出系统外，从而达到从污水中除磷的效果。

1.生物除磷机理

生物除磷机理比较复杂。许多学者认为，生物除磷的机理是：在厌氧条件下，聚磷菌将其体内的有机磷转化为无机磷并加以释放，并利用此过程产生的能量摄取废水中的溶解性有机基质以合成 PHB（聚-β-羟丁酸）颗粒；而在好氧条件下，聚磷菌将 PHB 降解以提供摄取磷所需的能量，从而完成聚磷过程。可见，生物除磷是系统中的污泥在厌氧、好氧交替运行的条件下通过磷的释放和对磷的摄取而完成的。

在厌氧条件下，放磷越多，合成的 PHB 越多；在好氧条件下，降解的 PHB 越多，除磷的效果也就越好。合成 PHB 的量和碳源的性质密切相关，乙酸等低级脂肪酸易被聚磷菌吸收转化为 PHB，因而在厌氧区加入消化池上清液可提高放磷速率。硝酸盐对厌氧条件下的放磷不利，它有助于反硝化菌的增长。温度对放磷也有重要的影响，如当温度从 10℃上升到 30℃时，放磷速率可提高 5 倍。

2.生物处理技术

根据生物除磷的机理可知，使富含聚磷菌的污泥依次处于厌氧、好氧交替运行的条件下，并通过调整聚磷菌在厌氧释放磷和好氧摄取磷的环境条件下的增长繁殖，可有效去除污水中的磷。

目前，A/O 技术是典型的生物除磷技术。在此基础上，根据聚磷菌的特性，通过运行操作方式的改进，相关学者又开发了弗斯特利普（Phostrip）除磷工艺等。

A/O 法是由厌氧池和好氧池组成的同时去除污水中有机污染物及磷的处理方法。为了使微生物在好氧池中易于吸收磷，溶解氧应维持在 2 mg/L 以上，

pH 值应控制在 7～8。磷的去除率还取决于进水中的 BOD_5 与磷浓度之比。如果这一比值大于 10∶1，出水中磷的浓度为 1 mg/L 左右。由于微生物吸收磷是可逆的，曝气时间过长或污泥在沉淀池中停留时间过长都有可能造成磷的释放。

Phostrip 除磷工艺流程如图 6-4 所示。Phostrip 除磷工艺是一种生物、化学除磷法。该工艺操作稳定性好，出流中磷含量可小于 1.5 mg/L。

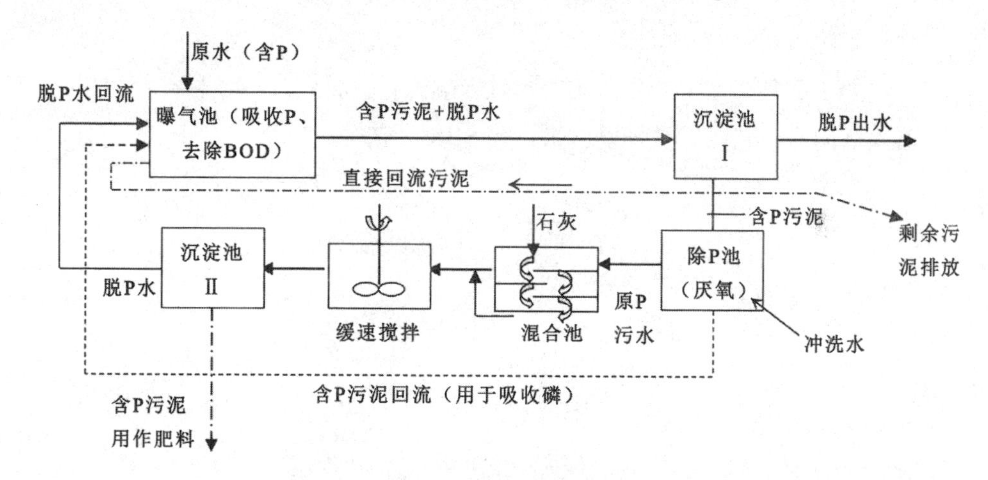

图 6-4　Phostrip 除磷工艺流程

Phostrip 除磷工艺的机理仍然是利用聚磷菌对磷的过量摄取作用。Phostrip 除磷工艺与 A/O、A^2O 等方法不同的是：其工艺运行中先将回流污泥（部分或全部）处于厌氧状态，使污泥在好氧过程中过量摄取的磷在除磷池中充分释放；由除磷池流出的富含磷的上清液进入投加化学药剂（通常用石灰）的混合反应池，通过化学沉淀作用将磷去除；污泥释放磷后再回流到处理系统中重新起摄取磷的作用。分流到除磷池的流量通常是进水量的 10%～30%，在除磷池中的停留时间为 5～20 h，一般为 8～12 h，除磷池同时起污泥浓缩的作用。

与 A/O 工艺相比，Phostrip 除磷工艺具有以下几个优点：

第一，出水总磷浓度低，小于 1 mg/L。

第二，回流污泥中磷含量较低，可低至 2%～5%，低于 A/O 工艺的 7%～10%，且对进水水质波动具有较强的适应性。

第三，大部分磷以化学沉淀的形式被除去，且是用廉价的石灰对少量的富磷上清液进行化学沉淀。与全程化学除磷工艺相比，Phostrip 除磷工艺不仅节省费用，而且产泥量少。

第四，Phostrip 除磷工艺比较适合对现有的除磷工艺进行改造，只需要在污泥回流管线上增设小规模的处理单元即可。此外，在改造过程中，不必中断处理系统的运行。

为了达到在一个处理系统中同时去除氮、磷的目的，近年来，一些同步脱氮除磷的新工艺相继被开发出来，如 SBR 工艺等。

第七章　城市水环境保护

第一节　城市水环境概述

水是人类及一切生物赖以生存的必不可少的重要物质，是工农业生产、经济发展中不可替代的宝贵的自然资源。在城市生活中，水也是工业生产、人民生活必不可少的资源，水对于生活在城市中的人来说是一种极其重要、不可或缺的物质。

一、城市水环境的概念

（一）水环境

环境，可以说是与某一中心事物有关的周围事物的总称。在环境科学中，环境一般被认为是围绕人类的空间及其中可以直接影响人类生活和发展的各种自然因素的总体。许多学者认为，环境除自然因素外，还应包括有关的社会因素。因此，环境按其主体可分为两类：

一是以人类为主体，其他生命物体和非生命物质都被视为环境要素的环境。

二是以生物体作为环境的主体（包括人类和其他生命物体），只把非生命物质视为环境要素，而不把人类以外的生命物体看成环境要素的环境。

水环境则是指自然界中水的形成、分布和转化所处的空间环境。水环境既可指相对稳定的以陆地为边界的天然水域所处的空间环境，又指与直接或间接影响人类生活和发展的水体有关的各种自然因素和社会因素的总体。

水环境主要由地表水环境和地下水环境两部分组成。地表水环境包括河流、湖泊、水库、海洋、池塘、沼泽等。地下水环境包括泉水、浅层地下水、深层地下水等。水环境是构成环境的基本要素之一，是人类社会赖以生存和发展的重要场所，也是受人类干扰和破坏较为严重的领域。

通常，“水环境”与“水资源”两个词很容易混淆，其实二者既有联系又有区别。水资源是水环境的形成要素，水环境是水资源存在的场所。水资源是自然资源的一种，其含义十分丰富。广义的水资源指地球上各种形态（气态、液态或固态）的天然水；狭义的水资源指与生态系统保护和人类生存、发展密切相关的可以利用的，而又逐年能够得到恢复和更新的淡水，其补给来源为大气降水。

水资源的表现形态有气态、液态和固态，存在形式有地表水（如河流、湖泊、水库、海洋、冰雪等）、地下水（潜水、承压水）、土壤水和大气水。从水资源这一概念来看，水环境可以分为两方面：广义的水环境指所有的以水作为介质来参与作用的空间场所，从该意义上来看地球表层（大气圈、水圈、岩石圈、生物圈）基本都是水环境系统的一部分；而狭义的水环境指与人类活动密切相关的水体的作用场所，主要针对的是水圈和岩石圈的浅层地下水部分。

（二）城市水环境

水是经济建设的命脉，是城市建设与发展的关键。按照其构成原理，城市水环境可以定义为以城市为主体，在城市边界内和影响城市的所有地表水域，既包括江、河、湖、海、溪流等原生水环境和喷泉、运河等人工水环境，也涵盖水域建筑群落、道路桥梁等一切社会的、人文的要素及其关系共同组成的有机系统。

许多学者认为，广义的城市水环境主要包括城市自然生物赖以生存的水体环境、抵御洪涝灾害能力、水资源供给程度、水体质量状况、水利工程景观与周围的和谐程度等多项内容。

城市水环境的条件更为多样和复杂，城市水环境条件也容易受到人类活动的影响，同时也密切地影响着人类的社会活动。从城市水环境的自然属性看，整个生态系统是完整的、稳定的、可持续的，对外界不利因素具有抵抗力。从城市水环境的环境属性看，其具有持续提供生态系统完善的服务功能和满足城市居民观赏游憩和休闲娱乐的需要。

二、城市水环境的特点

在城市化进程中，随着经济社会的发展，人口增加，产业集中，对水的需求日益增长，而城市化建设使地面的不透水区域大幅增加，农田、绿化和水面积逐渐减少，这一切都直接或间接地影响到城市地区的水环境。

城市水环境的特点，主要体现在以下几个方面：

第一，城市用水主要为生活及工业用水，供水要求质量高、水量大、水量稳定、供水保证率高，且在区域上高度集中，在时间上相对均匀，年内分配差异小，在昼夜间差别较大。

第二，城市供水对外依赖性强。由于城市本身的水资源量十分有限，可利用的程度低，且城市用水量大，一般本地水源难以满足需求，因此城市供水主要依靠现有的城区外围水源地或调引水。

第三，城市水环境条件脆弱。由于城市的空间范围有限，人口密集、工业生产发达，人类的社会活动影响相对集中，如果没有合适的废污水处理排放系统，城市水环境将日趋恶化。同时，城市的废气、废渣排放量也很大，易于造成大气污染，形成酸雨，进而影响地表水和地下水，并危及人类健康

第四，城市规模的不断扩大，一定程度上改变了城市的降水条件。在城市建设过程中，地表的改变使其上的辐射平衡发生了变化。例如：工业和民用供热、制冷以及机动车尾气排放等增加了大气中的热量，而且能源燃烧把水汽连

同各种各样的化学物质送入大气层中；建筑物能够引起机械湍流，城市作为热源也导致热湍流，对空气运动会产生相当大的影响；等等。

第五，城市化使地表水停留时间缩短，下渗和蒸发减少，径流量增加，使地下水减少且得不到补偿。随着城市化的发展，工业区、商业区和居民区不透水面积不断增加，树木、农作物、草地等面积逐步减小，这减小了蓄水空间。由于不透水地表的入渗量几乎为零，使径流总量增大，导致地下水补给量相应减小。

三、城市水环境系统

环境是以人类为主体的客观物质体系，具有一定的特征结构和动态变化规律。在不同层次、空间和地域中，环境的结构、方式、组成、规模、途径等都有所差异。按组成要素，环境可以分为水环境、大气环境、土壤环境等。

水环境是以水体为载体，由水体中的生命物体和非生命物质（包括水分子）组成的体系。天然状态的水，是在一定自然条件下形成的组分相对稳定的组合体。一般的淡水资源水质较好，利于人的使用。但当人类活动危及水体后，如果水的组分改变，水质变差，可能就不适于人类使用，甚至还会对人类的生活、生产带来危害。水是构成环境的基本要素之一，是人类社会赖以生存和发展的重要资源，也是水生生物生存繁衍的基本条件。

（一）城市水环境系统的构成

水是一切生物生存的基础，是人类生活和生产活动中的基本物质条件之一，是不可替代的。城市工业、交通业、旅游业等的发展，都必须在保护和利用好水资源的基础上进行。因此，水对城市及其经济的发展具有很重要的作用。

水作为社会有用的资源必须符合三个条件：必须有合适的水质、足够可利用的水量以及能在合适的时间满足某种特殊用途。

当前在我国许多地区，特别是在城市，由于地理、气候和社会经济等因素，水不能完全满足以上三个条件。例如，有的城市水量不足、城市水污染严重等。

城市水系是整个流域水系的一部分。城市水环境系统如图 7-1 所示。城市水环境系统由自然循环系统和水资源利用人工循环系统组成。

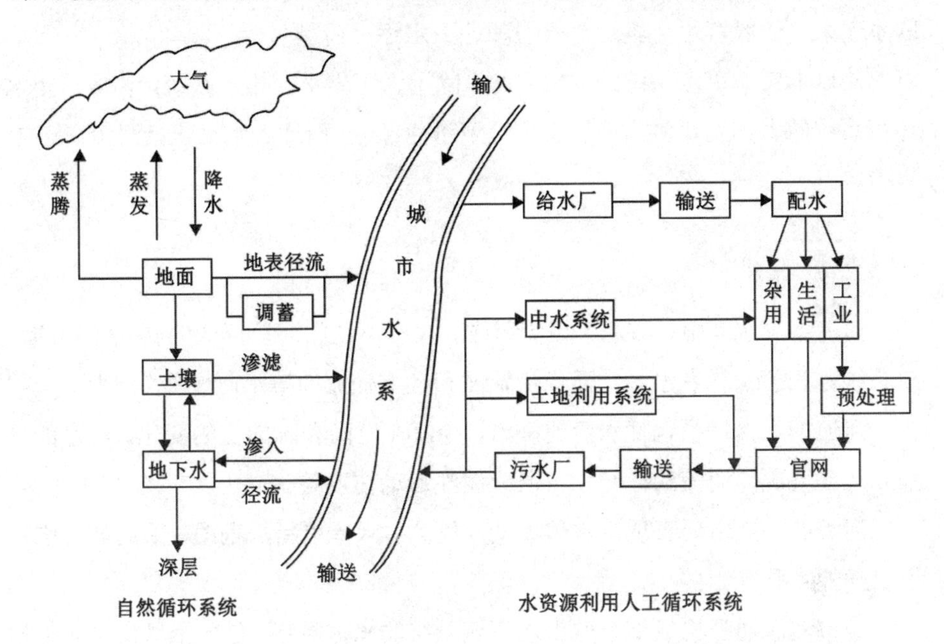

图 7-1　城市水环境系统

城市水资源利用人工循环系统由城市给水系统、排水系统、污水处理系统组成。事实上，在这一系统的运行过程中，除了有部分水量消耗外（如被人体和产品吸收），主要发生的是水质变化，即清水—污水—清水的水质循环。因此，城市污水处理系统在水循环中起着决定性作用，对下游水资源的再利用有着重大影响。城市污水处理达到一定水质要求后，可通过中水系统或土地利用系统实现污水资源的回用，这是解决城市水资源不足的重要方法。

城市水环境系统是个复杂、开放的生态系统，生态链上任何一个环节发生问题都会引起整个系统的生态失调。例如，在水资源利用人工循环系统方面，一些城市缺乏完善的污水处理系统，导致城市水体被严重污染。上游城市的不当输入也会引起洪水灾害或水污染，这是一种区域性转移问题。因此，必须将城市水环境系统视为流域系统的一部分，才能有效地解决问题。

在自然循环系统中，大气水通过蒸发、降水和地面径流联系起来，这可用暴雨径流模型分析。此外，城市水体与地下水通过土壤渗透以及地下补给运动联系起来，一般可用土壤渗透模型和地下水运动模型分析。

从以上对城市水系统的分析可知，除了人工供水或排水系统，构成城市水环境系统的水体主要包括地表水和地下水两部分，而地表水又包括河流、湖泊、水库等。

1.地表水

（1）河流

河流由降水（雨、雪水）径流形成。大小不同的河流形成的相互流通的水道系统称为河系或者水系。而供给地面和地下径流的集水区域称为流域。

河流的水文特征包括水流的补给、径流在空间和时间上的变化、洪水的形成和运动情况、河流的冻结以及河床泥沙运动情况等。

河流的特点主要表现为水体流动速度大、水体更新周期短、输运能力强以及自净能力强等。

城市河流通常构成整个城市水环境系统的水体网络，是一个城市同其他地区进行水体交换的主要输入及输出途径。

（2）湖泊、水库

湖泊是陆地上的低洼地方，终年积蓄着大量的水分，但不与海洋直接相连。湖泊分为天然湖泊和人造水库或者池塘。水库又分为湖泊型水库和河床型水库。河床型水库是水坝拦截形成，水面与河床形态类似，调蓄能力相对较差。上游径流是湖泊、水库的主要补给水源，决定着湖泊、水库的水文变化特征。湖泊、水库起着调节水系水流，维持局部地方生态的重要作用。

湖泊和水库水体的特点是水量大、水力停留时间长、水体更新速度慢，尤其是天然湖泊。

对城市水环境系统来讲，湖泊和水库是城市地表水资源的主要储存库。

2.地下水

地下水是储存在土壤孔隙和地下岩层裂隙溶洞中的水，是陆地水资源重要的赋存形式，全球绝大部分淡水资源是以地下水的形式存在。地下水是我国人民生活用水、城市和工农业用水的重要来源。

地下水主要来自地表的入渗，土体的过滤作用通常使得地下水具有优良的水质。但是，地下水多存在于土壤岩石孔隙中，地质条件复杂，调动起来非常困难。此外，地下水的更新周期很长，一旦被污染，治理也更加困难。此外，污染物在土壤和岩石表面的吸附，也会给地下水的处理增加难度。

（二）城市水环境系统的功能

水是生命的源泉、农业的命脉、工业的血液、城市的生命线、环境的要素、生态环境的支柱和社会安定的因素。

城市水环境系统的功能包括为城市提供水源、保障城市物流和人流的运输、促进流域洪水的调节、促进生态建设、改善城市小气候、发展渔业和水产、补给地下水源等。这些功能相互联系、相互竞争、相互促进。只有某种功能满足了，某些功能才可以正常发挥；反之，有些功能被过分利用，某些功能将无法起作用。早期对污染物的就地排放，在当时看来似乎是经济和方便的，但现在看来它是以其他功能的丧失为代价的。因此，在确定城市水环境系统的功能时，必须全面分析比较，抓住影响功能的主要矛盾，以使功能得到最大化的发挥。

上述大多数功能均以水质为前提，因此水质控制及其有关的系统是决定水环境系统功能的关键。城市水环境系统功能的确定，可采用多目标决策的理论和方法。

古代建城之所以要靠近水体，主要是出于人类生活对水的依赖。无论中外，此理相通。如今，城市中临近水的地区往往是一个城市发展最早的地区。

城市水环境系统所具有的带有功利价值的功能，如供水、航运、排水等已被人们充分认识和利用，但城市水环境系统所具有的非常重要的环境景观功能、生态功能等却容易被人们所忽视。在进行城市水环境治理时，人们往往采用传统的设计理念，从工程的角度进行设计和施工。传统的水利工程设计理念一般认为：最好的设计是用最小的投入达到所要求的工程功能（如防洪、航运、发电等）的设计；自然状态是人们无法完全控制的，人工系统（如混凝土结构）是实现工程目的最可靠和最好的手段；城市水利工程的首要目标是保证其工程用途（如排水、防洪）的实现。在这种设计理念的指导下，人们仅将城市水环境作为工程实体而非城市公共空间来看待，较少考虑城市的整个生态系统、人在心理和生理等方面的环境需求等。这一理念下的工程技术人员尤其如此，对水环境工程的设计多采取传统的工程措施，即裁弯取直、石砌护坡、高筑岸堤等，这样确实能对水环境的整治起到立竿见影的效果，但是对环境、生态等方面却会产生缓慢或不易察觉的负面影响。

城市水环境系统功能的发挥由它的结构和系统完善程度所决定。当前，城市水污染引起的水环境系统功能的衰退，表明了整个水环境系统的失调。解决的办法必须从系统着手，健全系统的结构。一个完善的城市水环境系统是通过水资源利用人工循环系统、自然循环系统等，使城市获得较高的经济和环境效益。因此，城市水环境系统是人和自然的复合生态系统，它受到城市活动的干扰和影响。其中，人工水循环系统是城市重要的基础设施，它对城市水环境质量的重要作用越来越为人所认识。恢复城市水环境系统的正常功能，必须首先从改善人工水循环着手。

水资源利用人工水循环系统是城市重要的流通设施。为了更好地认识城市水环境系统的生态功能，必须首先认识城市生态系统中流通设施的作用。就城市的经济功能来看，城市必须具备生产设施、消费设施和流通设施。流通设施是联系生产和消费的网络，没有流通就无法进行正常的经济活动，因此它是整个城市的基础条件。城市规模越大、生产分工越细、社会联系越强，对基础设施的要求就越高，社会化程度也就越高。城市的流通设施是随着城市的发展而发展的。在现代高度发达的城市中，各种形式的流通设施密布于地面和地下，将城市各种组分有机地联成一体，使城市有条不紊地运行。可以说，城市的高效率有赖于城市发达和完善的流通设施。

现在，流通网络对城市的重要意义已日益为人们所认识。城市人工水环境系统是重要的网络之一。如今，许多城市将处理后排放的污水作为城市第二水源开发利用，以缓解水资源短缺。因此，城市污水处理厂增加了水资源回用功能，它是使社会、经济、环境三种效益达到高度统一的有效途径。

不受人类活动影响的自然水循环系统一般都处于平衡状态，其结构与功能一致。但是，城市化过程正日益干扰自然水循环的固有系统，改变着它的结构并影响它原有的功能。因此，研究城市水环境系统是很有必要的。

第二节 城市水环境保护规划

一、城市水环境保护规划的概念

城市是指具有一定社会结构，有一定人口规模的聚集区，这个聚集区受某级政府管辖。具有这些特征的聚集区都可以参照本节提出的城市水环境保护规划的一般模式编制规划。

通常，城市分为市辖区（包括城区和郊区）和市辖县（县及其所属的乡村）。由于城市的各项功能主要集中体现在市辖区，因此城市水环境保护规划主要针对市辖区水环境。

城市水环境保护规划是指对流域范围完全处于一个地级市的河流、湖泊、沟渠、水库等水体的保护进行的规划，其中也包括大流域和小流域河流流经该市的部分。

城市水环境保护规划的范围为本市行政区域的湖泊、沟渠、水库等地表水体和地下水体。

城市水环境保护规划的内容为水污染防治、水环境保护以及水生态、水景观保护。滨海城市的流域水环境保护规划还包括海洋污染防治。

城市流域水环境保护规划是流域水环境保护规划体系的一个组成部分。城市水环境保护规划是在国家级和小流域水环境保护规划的指导下，针对流域内城市的河段流域水环境保护而制定的。城市区域污染排放控制、保护城内河段河道生态环境是城市水环境保护规划的重点。城市水环境保护规划是城市范围内规模以上重点污染源减排规划制定的依据。

在各个流域中，城市人口集中，工业水平相对发达，是生活污水和工业废水排放相对集中的区域，城市水环境保护对于流域水环境保护有重要的意义。城市水环境保护，与居民用水安全和生活环境有直接关系。城市作为流域水环境保护的一个特殊控制单元，需要有专门的水环境保护规划，对城市范围内污染物的排放进行控制。与城市总体规划中对于水环境保护概略指导的作用不同，城市水环境保护规划需要形成完善和协调的体系，指导相关人员根据城市水体的总体特征进行各辖区内的保护治理权责分配，指导相关部门根据上一级小流域总体规划目标，以环境质量为主导目标，确保整个城市的水环境得到保护。

二、城市水环境保护规划中的重点内容

城市水环境保护规划的内容有很多，其中重点内容有以下几个：

（一）污水处理设施布局规划

1.污水处理设施选址与规模确定

（1）选址

污水处理设施的选址是城市水环境保护规划工作的首要任务，其合理性直

接关系到后续的建设成本、运营效率及对周边环境的影响等。

在污水处理设施选址过程中，应遵循以下几项基本原则：

第一，符合城市总体规划和土地利用规划，确保污水处理设施建设与城市发展相协调。

第二，充分考虑地质条件、水文状况等自然因素，避免在地质不稳定、地下水丰富或易受洪水侵袭的区域建设。

第三，尽量减少对周边居民生活、生产活动的影响，保持适当的防护距离。

第四，便于污水的收集与排放，降低管网建设成本。

第五，便于后续的管理与维护。

除了上述原则，在污水处理设施选址过程中，还应综合考虑以下几个具体因素：一是交通条件，要便于原料、设备运输及人员往来；二是能源供应，要确保污水处理设施运行所需的水、电等供应；三是环境容量，要评估污水处理设施排放对周边生态环境的影响，确保其符合环保要求；四是社会接受度，要通过公众参与、信息公开等方式，提高公众对污水处理设施建设的认知度和支持度。

（2）规模

污水处理设施的规模确定须以科学的预测与分析为依据。要想确定污水处理设施的规模，应注意以下几点：

第一，收集并分析城市历史污水排放量数据，结合城市人口增长趋势、产业结构变化、用水习惯等因素，预测未来一定时期内的污水排放量。

第二，根据处理工艺、出水水质要求及排放标准等，确定合理的处理规模。在此过程中，相关人员可采用多种方法进行预测与校核，如趋势外推法、回归分析法等，以提高预测结果的准确性和可靠性。

第三，考虑污水处理设施的冗余设计，以应对突发情况或未来污水量的增长。冗余设计应基于风险评估和成本效益分析，确保在保障处理效果的同时，避免不必要的资源浪费。

2.污水处理设施协同处理模式、联动机制

（1）协同处理模式

随着城市化进程的加快，单个污水处理设施已难以满足城市水环境治理的需求。因此，建立污水处理设施协调处理模式是很有必要的。污水处理设施协调处理模式强调在城市或流域范围内，根据本地区的污水排放特点、处理能力及环境容量等因素，统筹规划、合理布局污水处理设施。各城市可根据自己的具体情况，采用污水处理设施协调处理模式，建设污水收集管网、泵站等设施，实现污水的统一收集、集中处理或分散处理后再集中排放。这种模式有助于降低处理成本，提高处理效率。

（2）联动机制

为了实现污水处理设施协调处理模式的有效运行，建立污水处理设施联动机制是很有必要的。构建污水处理设施联动机制，可从以下几个方面着手：

首先，建立信息共享平台，实现各污水处理设施污水排放量、处理效果、运行状况等信息的实时共享与互通。这有助于相关人员及时发现并解决问题，也有助于提高整体运行效率。

其次，建立应急响应机制，针对突发污染事件或设施故障等情况，制定应急预案，并明确各污水处理设施的职能。这有助于控制污染扩散，减少经济损失。

最后，建立联合调度机制。各城市可根据区域水质目标、环境容量及设施处理能力等，对区域内各污水处理设施进行统一调度和优化配置，从而实现处理效果与经济效益的最大化。

随着信息技术的快速发展，污水处理设施的智能化管理与优化成为可能。通过引入人工智能、大数据、云计算等先进技术，各城市可实现对污水处理全过程的实时监测、数据分析等，这不仅有助于提高设施的运行效率和管理水平，还能为设施间的协调与联动提供更加精准的数据支持。例如，通过智能调度系统，各城市可以根据实时水质数据和各污水处理设施的处理能力，自动调整处理工艺参数和污水流向；通过大数据分析，各城市可以预测未来污水量的变化

趋势，并提前做好应对准备；通过云计算平台，各城市可以实现跨区域、跨部门的资源共享与协同等。

（二）污水收集与输送系统规划

由于历史原因等，我国一些城市仍存在大量的合流制排水系统。合流制排水系统是指雨水和污水共用一套管道进行收集、排放和处理的系统。

下面，笔者以合流制排水系统为例，简要论述污水收集与输送系统规划。

1.合流制排水系统存在的问题

随着城市化进程的加快和环保要求的提高，合流制排水系统逐渐暴露出诸多问题。首先，合流制排水系统在雨季时容易造成污水泛滥、河道污染等问题。由于雨水与污水混合排放，当降雨量较大时，污水容易溢出管道进入河道或低洼地带，从而造成污染。其次，合流制排水系统不利于雨水资源的回收利用。雨水与污水混合后直接进入污水处理厂进行处理不仅增加了处理成本，还浪费了宝贵的雨水资源。最后，合流制排水系统还存在运行管理复杂、维护成本高等问题。

2.改造合流制排水系统的策略

针对合流制排水系统存在的问题，相关人员需要选择科学合理的改造策略。具体来说，可以从以下几个方面入手：

（1）制定详细的改造规划和实施方案

各城市可制定详细的改造规划和实施方案，结合实际情况和发展需求明确改造目标和任务，制定具体的改造计划和时间表。此外，各城市应推动各相关部门的沟通协调，确保改造工作顺利推进。

（2）推进管网改造和升级换代

在进行管网布局与改造之前，要对现有管网系统进行全面评估。这包括管网覆盖范围、运行状况、老化程度、破损情况、管径大小、材质类型等方面的调查与分析。同时，要结合城市发展规划、人口增长趋势、产业布局变化等因素，预测未来污水量的增长情况，明确管网系统改造的需求与目标。现状评估与需求分析，可以为管网布局与改造方案的制定提供科学依据。

在管网布局规划过程中，应遵循以下原则：一是系统性原则。应将管网系统视为一个整体进行规划，确保各区域、各环节的顺畅衔接。二是前瞻性原则。要充分考虑未来城市发展的需求，预留足够的发展空间和扩容能力。三是经济性原则。在保证处理效果的前提下，要合理控制建设成本，提高投资效益。四是环保性原则。要注重生态保护与修复，减少管网建设对周边环境的影响。

在具体布局上，应根据城市地形地貌、水系分布、道路网络等特点，合理确定管网的走向、管径大小、埋设深度等。同时，应注重与城市规划的协调一致，避免重复建设和资源浪费。此外，还应考虑管网系统的可维护性和可升级性，为后续的运营管理和技术改造提供便利。

对于老化、破损严重的合流管道，相关部门应及时进行修理、更换；对管径过小的管道，要及时进行扩容改造；对存在安全隐患的管道，要及时进行加固处理。

（3）实施雨污分流改造工程

雨污分流是指将雨水和污水分开收集、排放和处理。在城市水环境保护规划中推行雨污分流具有重要意义。雨污分流可以有效提高污水收集效率和处理效率，降低污水处理成本。雨污分流还可以减少雨水对污水管网的冲击负荷，保证污水处理设施的正常运行。此外，雨污分流还有助于提高城市水环境质量，提升城市形象。

具体来说，雨污分流的优势主要体现在以下几个方面：一是减少污水处理厂的运行负担，提高处理效率；二是降低雨水对污水管网的侵蚀和损坏程度；三是促进雨水资源的回收利用；四是改善城市河道水质和生态环境。

在条件允许的情况下，各城市应逐步推进雨污分流改造工程，将雨水和污水分开收集、排放和处理。难以完全实现雨污分流的城市，可以采取截流式合流制等过渡性措施逐步向雨污分流转变。

（4）加强雨水资源的收集与利用

在雨污分流改造过程中，应注重雨水资源的收集与利用，建设雨水收集池、雨水花园、绿色屋顶等，将雨水引入地下蓄水系统或用于城市绿化、道路清洗等，提高雨水利用效率。

（5）强化监管与运维管理

建立健全合流制排水系统监管机制，加强对管网运行状况的监测与评估，及时发现并处理存在的问题是很有必要的。此外，相关部门还应加强运维管理队伍建设，提高运维管理水平，确保管网系统的长期稳定运行。

3.合流制排水系统改造的难点与对策

在合流制排水系统改造过程中，不可避免地会遇到一些难点和挑战。例如，改造资金不足、施工难度大、居民配合度不高等。

针对这些难点，可以采取以下策略：

（1）加大政府投入力度，吸引社会资本参与

政府应加大对合流制排水系统改造的资金投入，同时制定优惠政策吸引社会资本参与改造项目，形成多元化投资格局。

（2）优化施工方案，减少施工影响

在改造施工过程中，应充分考虑施工对周边环境和居民生活的影响，优化施工方案，减少施工噪声、粉尘等对周边环境的污染、对居民生活的影响，确保施工顺利进行。

（3）加强宣传引导，提高居民配合度

相关部门可通过媒体宣传、社区活动等方式加强对合流制排水系统改造的宣传、引导，提高居民对合流制排水系统改造工作的认识和支持度，增强居民的环保意识和责任感。

（4）加强技术研发与创新

针对合流制排水系统改造中的技术难题和瓶颈问题，相关部门应加强技术研发与创新，推动新技术、新材料、新工艺在改造项目中的应用，提高改造效果和质量。

三、城市水环境保护规划的制定和执行

（一）问题识别

要想制定城市水环境保护规划，应先识别水质和污染物排放情况，且应以污染物排放控制为重点。相关部门需要识别出各种类型的城市污水排放和处理问题，明确城市水体的重点污染物，有针对性地确定规划目标。

进行污染源的准确识别和排放状况的精准分析是解决水环境问题的关键。相关人员应对影响城市水环境质量的污染源按照点源和非点源进行合理分类，并从规划角度重点关注人为产生或增加的污染源。

1.水质方面的问题

水质方面的问题主要包括城市河道水体水质状况问题、城市饮用水安全问题等。根据城市环境保护部门和水利部门提供的水质数据，相关部门可分析河道水体的污染现状，以及水体水质能否满足城市居民的用水需求等。

此外，相关部门还可根据城市自来水厂提供的数据识别城市居民的饮用水安全问题。

2.污染物排放方面的问题

污染物排放方面的问题包括工业大点源排放、城市污水处理厂排放和城市非点源排放等方面的问题。

（1）工业大点源排放

根据城市环境保护部门、企业申报数据和城市污水处理厂监测数据等，相关部门可分析工业大点源的排放情况。城市水环境保护规划要重点关注未列入小流域环境保护规划污染源清单，但对城市水污染物排放控制具有显著影响的较大规模工业大点源。排向城市污水处理厂的工业污染源也是城市水环境保护规划中的管理内容。

（2）城市污水处理厂建设和运行情况

根据城市环境保护部门、城建部门和城市污水处理厂等提供的数据，相关

部门可结合城市人口、经济发展状况等，分析城市生活污水的收集率、处理率、污水收集管网覆盖范围、节水、中水回用等，以明确城市污水处理厂能否满足需求，从而准确掌握城市污水处理厂的建设和运行情况。

（3）城市非点源排放

根据城市环境保护部门、城建部门等相关部门提供的信息，相关部门可分析城市非点源排放控制状况。

3.水资源利用方面的问题

在水资源利用方面，相关部门应识别水资源利用方面的问题，如明确城市供水和用水现状，明确城市的可利用水资源量等。其中，饮用水资源尤为重要。水资源相对匮乏的城市，应重点关注城市节水方面的问题，并制定专项节水规划，提高水资源的利用率。

（二）干系人确认

在理想状况下，城市水环境保护规划的目标应当在广泛征求公众意见的基础上确定，因此在规划制定的过程中，要保证各个主要干系人的参与。城市水环境保护规划中的干系人，最重要的是政府、公众和企业。

1.政府

政府是城市水环境保护规划的主要决策者和推动实施者，包括政府环境保护相关负责人和机构，涉及多个部门及其人员。

各个城市的政府是城市水环境的主要负责方，各个城市的环境保护部门直接处理城市环境问题，提供相关公共服务，是水环境保护行动的主要执行和实施方。城市建设部门也是非常重要的干系人，尤其是在城市污水处理厂基础设施建设、地下管网建设、城市非点源控制方面发挥着重要作用。此外，省和国家上级流域主管部门通过相关政策和环境标准的制定等，对水环境规划的制定和实施产生重要影响。

2.公众

普通公众的健康和生活质量受环境的直接影响。公众一般难以直接参与城市水环境保护规划的制定。但是，一些公众代表、倡导环保的公众人物等，可能在政府决策和普通公众决策中发挥一定作用，他们也是公众类干系人的一部分。此外，公众还是城市水环境保护规划实施的重要监督者。

3.企业

参与城市水环境保护规划的企业主要包括两类，分别为排向污水处理厂和排向天然水体的各类大小点源所在的企业。企业是城市水环境保护规划的重要执行者。点源排放对于城市水环境质量影响显著，企业的排放行为需要城市水环境保护规划的批准和限制。

（三）目标和指标体系的确定

1.目标

城市水环境保护规划通过控制水环境污染物排放，以及采取中水回用等措施，达到水质改善和水资源合理利用的目标。城市水环境保护规划的目标应更加具有针对性，应针对不同类型的污染物尤其是重点控制目标污染物分别制定污染控制方案。目标一般从时间上可以分为长期、中期和短期目标。同时，城市水环境保护规划作为大流域、小流域规划的基本单元，其目标要与上层规划目标协调。

2.指标体系

城市水环境保护规划应当有相应的指标体系，包括水资源利用指标、水质指标、污染排放控制指标和管理行动指标四类。根据识别出的主要水环境问题和城市功能对水资源的需求等，相关部门可以筛选出城市水环境保护规划的指标体系。

（四）行动清单筛选

城市水环境保护规划的行动清单主要有以下几部分内容：

1.工业大点源排放控制

工业大点源排放控制是城市水污染物排放控制的重点。对于工业点源的管理，相关部门可按照规定发放排污许可证。对于工业大点源排放控制，相关部门应做好风险管理，避免工业点源造成严重污染，或者对污水处理厂的运行造成影响。

2.城市污水处理厂建设和运行

对于城市污水处理厂的建设和运行，相关部门应当根据城市收集率、处理率等情况，结合城市管网建设情况进行。此外，相关部门还需要根据城市社会发展规划、城市污水排放总量预测等来合理确定污水处理设施的布局和污水处理厂的设计规模，解决城市污水、地表径流的收集问题。相关部门要科学设计和布局污水输送系统，提高城市污水收集率，截断散乱进入城市水环境的生活污水、工业废水以及城市地表径流等，为污水的集中处理和流域水环境质量达标创造条件。其中，生活污水，可通过污水管网直接输送至污水处理厂；工业污水，要实行分类收集，将达到接管标准的工业污水直接通过污水管网与生活污水合流送入污水处理厂集中处理。

对不能纳入城市污水收集系统的分散的人群积聚地（如居民区、旅游风景区、度假村、疗养院、机场、火车站等）排放的污水和独立工矿区的工业废水，相关部门可利用小型污水处理装置就地处理，以达标排放。

建设城市污水处理厂可以减少城市污水对水体造成的污染。但是，相关部门必须加大污水处理厂的监管力度，才能保证城市污水处理厂顺利发挥作用。小流域水环境保护规划编制和执行部门要加大对城市污水处理厂的监管。在城市水环境保护规划中，保证城市污水处理厂的及时建设和高效运行是排放控制的重要措施之一。

3.城市非点源排放控制

在点源污染日益得到控制的情况下，城市无序地表径流的非点源污染逐渐成为城市段河道水体污染的一个重要因素。

关于城市非点源排放控制的具体方案，相关部门应根据城市水资源分布和不透水地面分布等情况进行制定。

关于城市非点源排放的控制，相关部门可采用工程和非工程两类手段。

所谓工程手段，需要从产生径流的源头、过程和终端各个阶段进行非点源污染的治理，以减少无序地表径流总量和污染物在径流中的浓度。有效缓解城市无序地表径流非点源污染的一个重要措施就是兴建河岸滤污植被带，利用植被和土壤的吸收、过滤作用来净化城市无序地表径流所携带的污染物。

此外，相关部门还可结合制度、教育和污染物预防措施等非工程手段，比如推行相关政策落实、环保教育等，从源头上减少污染物的使用、产生和累积。在选择控制手段和措施时，须遵循相应原则。

4.建设城市中水回用系统

从城市节水和污水资源化利用的角度来看，城市污水处理厂及工业点源处理后的出水可用于城市绿化、城市消防等。因此，建设城市中水回用系统是很有必要的。建设城市中水回用系统，进行废水的资源化利用，可使水资源在城市内部形成良性循环。在具体实施中，相关部门应合理设计，降低污水处理厂运行费用、废水价格，以实现对水资源的节约和保护。

5.城市水环境风险管理

随着城市化水平的逐步提高，城市水环境面临的风险越来越大。城市一旦发生水污染事故，会造成严重的经济损失。因此，对城市水环境进行风险管理是很有必要的。

城市环保部门应当制定城市水环境风险管理计划和具体实施方法，并将其纳入城市水环境保护规划中；还应对可能出现和已出现的风险源进行评价，制定控制行动方案，并将风险状况和控制方案的具体措施告知公众。

在城市水环境风险管理的过程中，相关部门还应对重点污染源（主要包括工业大点源和污水处理厂等）进行专门的风险评估，并制定相应的应急预案，从而避免污染事故造成重大损失。

此外，为了有效控制城市废水对流域水环境的污染，同时考虑到我国大部分城市水资源匮乏的状况，在城市规划和城市建设中，相关部门应将城市污水处理厂、城市污水收集系统、城市污水资源化利用系统等三大水环境工程进行统筹规划与设计，避免重复建设对环境的破坏和对资源的浪费。解决了城市污水汇集与处理问题后，相关部门还应考虑城市污水的再利用（即中水回用）问题，以充分实现水资源价值，形成城市用水良性循环机制，解决流域内水环境污染治理问题。

筛选行动清单的关键是分析行动的可行性、效益等。行动清单的筛选，需要在干系人充分参与的基础上，进行严格的可行性分析论证和效益分析，最终对工业点源、城市污水处理厂、非点源等的减排计划、节水计划和风险管理方案等进行筛选，确定最佳的行动清单。

四、城市水环境保护规划的评估

要想做好城市水环境保护规划的评估，应注意以下几点：

第一，城市水环境保护规划的执行情况评估是城市水环境保护规划评估的重点。相关部门需要对城市入河排污口进行入河量监测，以此作为评估城市排放控制效果的重要依据。城市上下游的水质监测是检验城市各区域排放状况的依据。此外，相关部门还可通过目标河流通量数据与入河量监测数据的对比，以及与城市内规模以上大点源申报的排放数据对比，对城市水环境保护规划实施效果状况做出评估。

第二，做好污水处理厂的评估也是很有必要的。相关部门可根据相应的污水处理厂风险管理计划，定期对污水处理厂出水水质进行检测，包括悬浮物、有机物、氨氮、总磷等关键指标，确保出水水质符合国家和地方的相关环保法规、标准以及相关技术规范的要求。

第三，评估污水处理厂的处理效率也是很有必要的。污水处理厂的处理效率反映了污水处理厂处理污水的能力。较高的处理效率意味着污水处理厂能够有效去除污水中的污染物质，从而确保出水水质达标。为了提高处理效率，污水处理厂可以采取优化处理工艺、更新设备或调整运行参数等措施。

做好城市水环境保护规划的问题识别、干系人确认、目标和指标体系的确定、行动清单筛选、规划的评估，才能确保此规划的落实。

第八章　城市污水处理与环境保护

第一节　城市污水处理与环境保护概述

一、城市污水处理与环境保护的关系

（一）城市污水处理是环境保护的重要手段

污水处理是减少污染物排放、保护环境的关键措施。随着城市化进程的加快，大量生活污水、工业废水等被排放到环境中，这些污水中含有的有害物质对水体和生态环境造成了严重影响。因此，通过污水处理减少污染物排放，对于保护水环境和生态环境具有重要意义。

可以说，城市污水处理是环境保护的重要手段。下面，笔者主要从维护城市生态平衡方面说明污水处理是环境保护的重要手段。

城市生态平衡是城市环境健康的重要标志之一。城市污水处理与环境保护，对于维护城市生态平衡具有重要意义。

生物多样性是地球上生命形式的丰富度和复杂性的体现，它对于生态系统的稳定至关重要。然而，随着工业化和城市化的快速发展，水体污染问题日益严重，对水生生物多样性造成了巨大威胁。这些有害物质不仅直接影响生物的生存，还可能通过食物链对整个生态系统造成长期影响。城市污水处理在保护

生物多样性这一方面发挥着重要的作用。

对污水进行相应处理，能够显著减少排入水体的污染物。相关部门可运用物理、化学和生物等多种处理方法，有效去除污水中的有害物质，降低水体的污染负荷。城市污水处理，不仅可以为水生生物创造一个更加适宜的生存环境，还有助于恢复水体的自净能力，从而维护城市生态平衡。

水生生物多样性是水体生态系统健康与否的重要标志。城市污水处理不仅有助于减少污染，还有助于保护和恢复水生生物多样性。城市污水处理可去除一定有害物质，为水生生物营造良好的生长环境，使其能够正常生长和繁殖。城市污水处理过程中产生的污泥等副产品，经过适当处理后可以作为肥料或土壤改良剂使用，这也有助于改善水生生物的栖息环境。

此外，城市污水处理还可以促进水生生态系统的恢复。当生态系统受到污水等外界因素的干扰而遭到破坏时，其恢复和演替的能力会受到影响。城市污水处理能够减轻这种干扰，为生态系统的恢复和演替创造条件。城市污水处理可以去除污水中的有害物质，降低其对生态系统的破坏，使得水生生态系统有机会进行自我修复。

清洁的水源是维护水生生物多样性的基础。城市污水处理可将污水转化为清洁的水源，不仅可以满足人类的某些生产和生活需求，也能为水生生物提供一个安全、健康的栖息地。

在环境保护领域中，城市污水处理的作用不仅局限于水资源的节约与再利用，它在维护生态系统稳定方面扮演着至关重要的角色。生态系统是自然界中生物与环境之间相互作用、相互依赖而构成的一个统一整体，而水作为生命之源，其质量直接关系到生态系统的健康与稳定。

未经处理的污水直接排入湿地、河流等水体，会导致水体产生富营养化、酸碱度失衡等一系列问题，进而破坏生态系统的结构和功能。城市污水处理通过调整污水中营养元素的含量，使其达到一个适宜的水平，可以提高生态系统的稳定性。

（二）环境保护推动城市污水处理技术的发展

随着公众环境保护意识的提高和相关法律法规的完善，社会对污水处理的要求也在不断提高，这在一定程度上促进了城市污水处理技术的发展。

社会环境保护的需求推动了城市污水处理技术的研发。为了使出水满足更严格的排放标准，政府相关机构和企业要不断投入研发力量，探索更高效、更环保的城市污水处理技术。这些技术不仅有助于提高污水处理效率，还有助于降低处理过程中的能耗和污染物排放。

社会环境保护的需求也促进了城市污水处理设备的更新换代。传统的城市污水处理设备在处理效率、能耗和环保性能方面有所不足。为了不断满足社会环境保护的需求，新型的城市污水处理设备不断涌现，这些设备采用了更先进的技术和材料，具有更高的处理效率和更好的环保性能。

社会环境保护的需求还推动了污水处理行业的规范化发展。在新时期，我国加强了对污水处理行业的监管力度，制定了一系列法规、标准来规范污水处理设施的建设和运营。这使得污水处理行业更加规范、专业，提高了整个行业的处理水平和服务质量。

二、基于环境保护的城市污水处理的发展趋势

（一）注重技术创新

未来，污水处理行业将更加注重技术创新，通过积极引入先进的技术手段来提高处理效率和效果。其中，物联网、大数据、云计算等信息技术的融合应用将成为关键。

借助物联网技术，相关部门可实现对城市污水处理设备的实时监控和远程控制，确保设备运行的稳定性和可靠性。相关部门可在设备上安装传感器，从而实时收集设备运行数据，以便及时发现并处理潜在问题，减少故障停机时间，

提高设备的运行效率。

借助大数据技术，相关部门可对城市污水处理过程中产生的海量数据进行深度挖掘和分析，从而做出更科学、合理的决策。相关部门可使用大数据技术对历史数据进行分析，从而精准预测城市污水处理设备的维护周期、更换时间等，从而制订更加合理的维护计划，降低维护成本。

云计算技术的应用可以实现城市污水处理、环境保护数据的集中存储和共享，方便不同部门和地区之间的信息交流与协作。这不仅可以提高城市污水处理的管理效率，还能促进先进技术和经验的快速推广与应用。

此外，人工智能技术的引入，有助于城市污水处理系统自动适应不同的水质和处理需求，进一步提高城市污水处理的效率和效果。

（二）注重开发高效、节能、环保的设备

随着人们环保意识的不断提高，未来的污水处理行业将更加注重开发高效、节能、环保的设备。这不仅有助于降低城市污水处理的能耗和物耗，还有助于减少污水对环境的影响。

新型生物处理技术、膜分离技术等将成为环境保护、污水处理行业研究的重点。这些技术具有处理效果好、占地面积小、运行稳定等优点，可以显著提高城市污水处理的效率和效果。例如，通过基因工程手段培育出的高效降解菌种，可以大大提高有机物的降解效率等。

未来，污水处理设备的能效会更高。相关企业可采用先进的节能技术、设备，还可利用太阳能、风能等可再生能源，降低城市污水处理的能耗成本。

未来，城市污水处理设备会更环保，产出的二次污染物将更少。

（三）注重资源化利用

传统的城市污水处理主要关注水质的净化和污染物的去除，但随着技术的进步和环保理念的转变，人们开始意识到污水中蕴含的潜在资源价值。污水不

仅是一种需要处理的废物，也是一种可再生资源。

首先，污水中含有丰富的有机物、氮、磷等，这些物质在经过适当处理后，可以作为肥料或土壤改良剂使用。

其次，污水也具有重要的利用价值。经过深度处理的再生水，可以作为农业灌溉用水、工业用水、城市景观用水等，从而减少对新鲜水资源的依赖。特别是在水资源短缺的地区，再生水的利用显得尤为重要。通过合理的规划和布局，再生水可以成为城市水资源的重要补充，为城市的可持续发展提供支持。

此外，随着技术的进步，城市污水处理过程中产生的能源也可以得到有效利用。例如，若使用厌氧消化等技术处理污泥，可以产生沼气。沼气是一种能源，对其进行回收利用不仅可以减少化石燃料的消耗，还可以降低城市污水处理厂的运营成本。

为了推动城市污水处理的资源化利用，相关企业还应加强技术研发和创新，提高城市污水处理的效率和资源回收率。此外，相关部门还应建立完善的资源化利用体系和市场机制，为资源化利用提供政策支持和市场保障。

（四）注重循环经济的发展

循环经济，完整的表达是资源循环型经济，是一种以资源节约和循环利用为特征、与环境和谐的经济发展模式。循环经济强调把经济活动组织成一个“资源—产品—再生资源”的循环式流程。循环经济的特征是低开采、高利用、低排放。所有的物质和能源能在这个不断进行的经济循环中得到合理和持久的利用，以把经济活动对自然环境的影响降低到尽可能小的程度。

循环经济强调资源的最大化利用，注重减少环境污染。在城市污水处理领域，循环经济的理念主要体现在以下几个方面：

一是实现污水的减量化、资源化和无害化处理。相关企业可采用先进的城市污水处理技术和设备，可以减少污水的产生量，提高污水的处理效率，加强对污水中资源的回收和利用。这不仅可以降低城市污水处理的成本，提高处理效率，还能减少对环境的污染。

二是促进城市污水处理与其他产业的融合发展。例如，将经过处理的污泥用于农业生产，将再生水用于工业用水或城市景观用水等。这种跨行业的资源循环利用模式，可以实现资源的优化配置和高效利用，推动产业的可持续发展。

政府相关部门可以通过制定优惠政策、提供资金支持等，引导企业和个人积极参与循环经济建设；还应加强环保教育、宣传和推广活动，提高公众对循环经济的认识和参与度。

三、基于环境保护的城市污水处理面临的挑战

（一）技术方面

1.城市污水处理技术研发方面的挑战

在城市污水处理技术研发方面，主要有以下几方面的挑战：

（1）跨学科知识融合

污水处理技术的创新往往涉及多个学科，如化学、生物、信息技术等。这种跨学科的特点要求研发团队具备广泛的知识背景和深厚的专业素养，能够灵活运用不同领域的知识解决复杂问题。然而，在实际操作中，跨学科合作往往面临沟通障碍、知识壁垒等问题，导致研发效率低。为了应对这一挑战，相关部门应构建更加开放和包容的研发环境，鼓励不同学科背景的研究人员加强交流与合作，通过设立跨学科研究平台、举办学术交流会议等，促进知识共享和思维碰撞，促进污水处理技术的研发。

（2）成本与效益的平衡

污水处理技术的研发与应用往往伴随着高昂的成本投入。从研发阶段的设备购置、人员配置，到应用阶段的安装调试、运行维护，每一个环节都需要大量的资金支持。然而，在追求污水处理技术先进性的同时，如何确保污水处理

技术的经济性和实用性，实现成本与效益的平衡，是污水处理技术研发必须面对的问题。

为了降低污水处理技术的研发可应用成本，相关部门可以采取多种策略。相关部门可通过优化设计方案、提高材料利用率等方式降低直接成本。

（3）技术适应性与稳定性的考验

污水处理技术需要适应不同水质、水量和排放标准等的要求。然而，在实际应用中，由于水质波动、处理工艺复杂等因素，污水处理技术的适应性和稳定性往往面临考验。一旦污水处理技术出现问题或故障，不仅会影响处理效果，还可能对环境造成二次污染。

为了确保污水处理技术的适应性和稳定性，相关部门在研发阶段应进行充分的试验和验证工作，模拟不同水质条件下的处理过程，评估新技术的性能表现和处理效果等。此外，相关部门还应建立完善的监测和控制系统，对污水处理技术应用过程中的各项参数进行实时监测和调控，确保污水处理技术的稳定性和可靠性。

2.城市污水处理技术推广方面的挑战

（1）认知与接受度的差异

新的污水处理技术在推广过程中往往面临公众认知不足和接受度不高等问题。由于信息不对称、宣传不足等原因，公众对新污水处理技术的了解有限，可能存在误解或偏见。由于惯性思维和路径依赖等原因，部分公众可能对新污水处理技术的效果持怀疑态度。为了提高公众对新污水处理技术的认知度和接受度，相关部门需要加强科普宣传和教育工作，通过举办讲座、展览、培训活动等形式，向公众普及新污水处理技术的基本原理、应用效果和社会意义等。此外，相关部门还应加强与媒体的合作与交流，利用多种渠道和平台扩大宣传范围，强化宣传效果。

（2）基础设施与技术的匹配问题

要保证新污水处理技术的推广与应用效果，各地的基础设施应达到一定水平。然而，某些国家、地区，受某些历史原因、经济发展水平等的影响，污水处理设施存在老化、落后等问题，难以满足新污水处理技术的运行要求。为了解决基础设施与技术的匹配问题，各国家、地区要加强对现有基础设施的升级改造工作，通过投入资金和技术支持等手段提高其适应性和运行效率。在新建污水处理设施时，相关部门应充分考虑新污水处理技术的应用需求和发展趋势，确保设施与新污水处理技术相匹配。

（3）技术与市场需求的对接难题

研发污水处理技术要充分考虑市场需求的变化趋势和公众的实际需求。在实际生活中，由于技术与市场需求的脱节问题，许多新污水处理技术难以找到合适的应用场景和市场空间。技术与市场需求的脱节，不仅浪费了研发资源，也影响了新技术的应用。

为了解决技术与市场需求的对接难题，相关部门应做好市场调研和需求分析工作，深入了解市场需求的变化趋势和公众的实际需求，从而为技术研发提供明确的方向和目标。此外，相关部门还应建立“产学研用”相结合的创新体系，促进技术研发与市场需求的有效对接和深度融合。

（二）资金方面

污水处理作为城市基础设施建设的重要组成部分，其建设、运营和维护都需要大量的资金投入。然而，在许多地区，尤其是某些欠发达地区，由于经济水平有限、政府财政压力较大等原因，往往存在资金投入不足的问题。这不仅限制了污水处理设施的建设，也影响了其运行效率和效果。此外，传统的融资方式如政府拨款、银行贷款等，在资金规模、使用效率、灵活性等方面也存在一定局限性，难以满足当今污水处理行业快速发展的需求。

面对资金投入不足的挑战，拓展融资渠道是不错的选择。首先，政府应发挥主导作用，设立专项基金、提供财政补贴、给予税收优惠等，引导社会资本进入污水处理领域。此外，政府相关部门还应鼓励和支持企业通过发行绿色债券、资产证券化等筹集资金，降低融资成本，提高资金使用效率。

除了上述传统融资渠道，污水处理企业还可以考虑利用国际资金和技术援助等。污水处理企业可通过与国际组织、金融机构等的合作，争取更多的资金支持，引进更多先进技术，提升污水处理水平。

在拓展融资渠道的同时，做好资金监管与绩效评估工作也是很有必要的。建立健全资金管理制度和监管体系，可确保资金使用的合法合规和高效透明。建立科学的绩效评估机制，对污水处理项目的投资效益、环境效益和社会效益进行全面评估，可为后续的决策提供科学依据。

四、基于城市污水处理的环境保护策略

（一）推广清洁生产与节能减排

清洁生产是指将综合预防的环境保护策略持续应用于生产过程中，以期降低其危害人类健康和环境安全的风险。清洁生产从本质上来说，就是对生产过程采取整体预防的环境策略，减少或者消除生产活动对人类及环境的可能危害，同时充分满足人类需要，使社会经济效益最大化的一种生产模式。

清洁生产可从源头减少污染物产生，它要求生产企业在产品设计、原料选择、生产工艺、废物处理等各个环节中，最大限度地减少资源消耗和污染物排放，实现经济效益与环境效益的双赢。要想使企业更好地进行清洁生产，政府应出台相关政策，鼓励和支持企业采用先进的生产工艺和技术，如使用低毒、无害或可生物降解的原材料，优化生产流程，提高资源利用效率。此外，政府相关部门还应积极建立健全清洁生产审核和评价体系，对达标企业进行表彰奖励，对未达到标准的企业采取限期整改、处罚等措施，形成有效的激励机制和约束机制。

节能减排有广义和狭义之分：广义的节能减排是指节约物质资源和能量资源，减少废弃物和环境有害物（包括三废和噪声等）排放；狭义的节能减排是

指节约能源和减少环境有害物排放。

节能减排作为清洁生产的重要组成部分，同样需要高度重视。相关部门应制定严格的能耗和排放标准，引导企业加大节能技术和设备的投入，如推广高效节能电机、变频调速技术、余热回收系统等，降低生产过程中的能耗和污染物排放。

（二）加强工业废水预处理

工业废水是城市污水的主要来源之一，其成分复杂、处理难度大。加强工业废水预处理，是减少后续污水处理负担、提高整体处理效率的关键。

首先，相关企业应按照相关法律法规要求，建设完善的废水预处理设施，确保废水在排放前达到规定的预处理标准。

其次，政府相关部门应加强对工业废水预处理设施的监管力度，定期检查其运行情况和处理效果，及时发现问题并督促相关企业整改。

最后，政府相关部门还应鼓励和支持企业采用先进的废水处理技术和工艺，如膜分离技术、高级氧化技术等，提高废水预处理效果。

（三）提高公众节水意识

公众节水意识的提高对减少城市污水产生量具有重要意义。相关部门应通过多种渠道和方式，加强节水宣传教育，普及节水知识，引导公众树立正确的用水观念，养成良好的用水习惯。例如，相关部门可以在学校、社区、公共场所等设置节水宣传栏和标语，举办节水知识讲座和竞赛活动，提高公众的节水意识和参与度。此外，相关部门还应积极推广节水器具和设备的使用，如节水型龙头、节水型马桶等，减少日常生活、生产中的水资源浪费。此外，相关部门还可以通过实施阶梯水价等经济手段，激励公众节约用水，形成全社会共同节水的良好氛围。

（四）做好污水回用工作

污水回用是节约水资源的重要手段之一。将废水或污水经二级处理和深度处理后回用于生产系统或生活杂用被称为污水回用。污水回用既可以有效节约、利用宝贵的淡水资源，又可以减少污水或废水的排放量，减轻水环境污染，还可以缓解城市排水管道的超负荷现象，具有明显的社会效益、环境效益和经济效益。

污水回用的范围很广，经过适当处理的污水可用于农业灌溉、工业或城市景观等。这不仅有助于减少对水资源的消耗，还能促进水资源的循环利用。

1.农业灌溉

农业是水资源消耗的大户，传统的农业灌溉方式往往依赖淡水资源，随着全球气候变化和水资源短缺问题的加剧，寻找新的灌溉水源显得尤为重要。污水回用为农业灌溉提供了一种可行的解决方案。

经过适当处理的污水，去除了其中的有害物质，保留了对农作物生长有益的营养成分，如氮、磷、钾等，若用于农业灌溉，有助于提高土壤肥力、促进农作物生长。

将处理后的污水用于农业灌溉，不仅可以解决农业用水短缺的问题，还能提高农作物的产量和质量。

但是，污水回用于农业灌溉，也需要严格控制水质，确保灌溉用水不会对土壤和农作物造成污染。这就要求污水处理必须去除重金属、有毒有害物质等污染物，保证回用水质的安全性。

2.工业

工业用水量巨大，且对水质的要求相对较低。因此，污水回用在工业领域具有广阔的应用前景。

经过处理的污水可以用于工业冷却、清洗等，这在一定程度上减少了工业对淡水资源的依赖。

在工业生产中，冷却水用量极大，这不仅加剧了水资源的紧张状况，还增加了生产成本。而利用处理后的污水作为冷却水，不仅可以节约淡水资源，还能降低生产成本，提高企业的经济效益。

此外，处理后的污水还可以用于锅炉补给水和清洗用水。这些用途对水质的要求相对较低，但需求量较大。污水回用，可以在满足工业生产需求的同时保护环境。

3.城市景观

曾经，许多城市的景观用水多为自来水、地下水。随着城市化进程的加快和水资源短缺问题的加剧，寻找新的城市景观用水来源显得尤为重要。污水回用为城市景观用水提供了一种可行的解决方案。

经过处理的污水可以用于公园、花坛、喷泉等城市景观的供水。这些景观用水对水质的要求相对较低，但需求量较大。污水回用于城市景观，可以在美化城市环境的同时，节约水资源。

此外，利用处理后的污水进行城市绿化灌溉也是一种有效的节约水资源的方式。城市绿化是提升城市生态环境质量的重要措施之一，而绿化灌溉用水量大。因此，将处理后的污水用于城市绿化灌溉不仅可以满足绿化需求，还能实现水资源的合理利用。

为了确保污水回用的安全性和可行性，相关部门可建立完善的水质监测和管理体系，引导企业对处理后的污水进行定期检测，确保其水质符合相关标准和要求；还要对回用水进行合理的管理和调度，以确保其满足不同用水需求的同时，不对环境和人类健康造成危害。

（五）注重雨水收集与利用

除了污水回用，雨水收集与利用也是节约水资源、保护环境的重要途径。各城市可结合污水处理系统，收集和利用雨水资源，从而减少对新鲜水资源的依赖。

雨水收集系统，是将雨水根据需求进行收集后，并对收集的雨水进行处理以使其达到符合使用标准的系统。如今，多数雨水收集系统由集雨面、输送管道、储水设施和净化设备等组成。集雨面可以是建筑物的屋顶、道路、广场等硬质表面。通过这些表面，雨水可以被有效收集起来。输送管道则负责将收集的雨水引导至储水设施。储水设施可以是地下的储水罐、水池或其他形式的容器。净化设备则用于处理收集的雨水，以确保水质达到使用标准。

雨水收集系统不仅有助于减轻城市排水系统的负担，还能缓解城市用水压力。收集到的雨水可以用于非饮用水目的，如灌溉、冲洗厕所和清洁等，从而减少城市生产、生活对自来水的依赖。此外，雨水收集系统还能帮助减少城市径流污染，提升城市水环境的质量。

此外，有的城市将雨水收集系统与污水处理系统相结合，这有助于提高水资源的利用效率。许多城市的污水处理系统主要负责处理生活污水、工业废水等，使其达到排放标准或再利用标准。当雨水收集系统与污水处理系统相结合时，收集的雨水经过适当的处理后，可用于农业灌溉、工业生产等。

将雨水收集系统与污水处理系统相结合，不仅有助于增加水资源的供应量，还有助于提高水资源的利用效率。此外，将雨水收集系统与污水处理系统相结合，在一定程度上可以减少城市污水的排放量，减轻城市污水处理压力。

雨水收集与利用不仅可以带来显著的环境效益，还具有可观的经济效益。从环境效益方面来看，雨水收集与利用有助于减少城市径流污染，减少污水的排放，改善城市水环境。此外，雨水收集系统还有助于提升城市应对洪涝的能力和韧性。

在经济效益方面，雨水收集与利用可以降低城市对自来水、地下水等的依赖，减少污水的排放和处理量，还可以降低污水处理费用。在一些地区，政府通过提供补贴或税收优惠等措施来鼓励雨水收集与利用项目的实施。

此外，雨水收集与利用还可以促进相关产业的发展和创新。例如，随着技术的不断进步和创新，雨水收集与净化设备、智能控制系统等新兴产业和产品不断涌现，为城市水资源管理提供了更多的选择和可能性。这些产业的发展不仅创造了经济效益，还推动了城市水资源管理水平的提升和可持续发展。

（六）注重先进污水处理技术的研发与推广

面对城市污水处理的复杂性和挑战性，注重先进污水处理技术的研发与推广是很有必要的。

科研机构、高校及企业应加大在污水处理技术领域的研发投入，积极研发出一系列适应性强、处理效率高、运行成本低的污水处理新技术。

污水处理技术的价值在于应用。为促进先进污水处理技术的快速普及，政府相关部门、企业等应建立健全技术交流与推广机制，通过举办技术研讨会、现场观摩会、技术培训班等形式，加强行业内外的技术交流与合作，提高从业人员的技术水平和应用能力。此外，政府应出台相关政策，对采用先进技术处理污水的企业给予资金补贴、税收优惠等，降低企业技术升级的成本和风险，激发其采用新技术的积极性。

（七）适时优化升级污水处理设施

各城市要适时优化升级污水处理设施。要想优化升级污水处理设施，就要对现有污水处理设施进行全面评估，了解其处理能力、运行状况及存在的问题。基于评估结果，各城市应结合自身的发展规划、污水处理需求等，制定科学合理的污水处理设施优化升级规划。污水处理设施优化升级规划应明确升级目标、时间节点、投资规模及资金来源等关键要素，确保升级工作有序推进。

针对现有污水处理设施存在的处理效率低、能耗高、运行不稳定等问题，各个城市应及时进行设备更新，鼓励相关企业采用更加高效、节能、稳定的处理工艺，鼓励相关企业引进先进的自动化控制系统和实时监测设备，实现污水处理过程的智能化管理，提高污水处理效率和稳定性。

污水收集管网是污水处理系统的重要组成部分。污水处理厂应加强管网建设工作，完善管网布局，提高收集效率；积极对老旧管网进行改造升级，解决渗漏、堵塞等问题；加强管网维护管理，定期巡查、清淤和维修，保持管网畅通无阻；等等。

（八）推进污水资源化利用

污水资源化利用是实现水资源循环利用的重要途径。社会公众应转变传统观念，将污水视为潜在的资源而非简单的废物。为此，政府应出台相关政策法规，明确污水资源化利用的目标、原则、标准和要求，为污水资源化利用提供法律保障和政策支持。此外，政府还应加强宣传教育，提高公众对污水资源化利用的认识和接受度。

污水资源化利用涉及多个技术领域，包括深度处理、消毒杀菌、水质稳定等。相关部门应鼓励这些领域的技术研发和应用示范。这些技术的成功应用将为污水资源化利用提供有力支撑。

为推动污水资源化利用，相关部门可通过设立专项资金、提供税收优惠等方式鼓励企业参与污水资源化利用项目；通过建立健全市场机制，引导社会资本投入污水资源化利用领域；通过市场化运作和竞争机制促进技术创新和产业升级，提高污水资源化利用的经济效益和社会效益。

随着环境问题的日益严重，各个城市越来越重视环境保护和污水处理工作。如今，许多城市都加大了对污水处理、环境保护的投入，以推动相关基础设施的建设，引导企业和个人积极参与环境保护和污水处理工作。

社会公众是环境保护的重要力量。政府相关部门应注重提高公众的环保意识，鼓励公众从日常生活做起，减少污染物的排放。此外，相关部门还可积极开展各种环保活动，激发社会公众参与环境保护和污水处理的热情，从而促进污水治理、环境保护事业的发展。

第二节　基于城市污水处理的城市环境管理

一、城市环境管理概述

（一）环境管理

1.环境管理的含义

20 世纪中期以后，现代管理学的研究领域和方法都有了很大的改变，尤其是近代数学的发展和新的计算手段的出现，促使管理学由质的管理转向对量的管理。理论与实践相互促进，使现代管理学进入了快速发展的阶段。

环境管理是一个处于不断变化和发展中的概念。20 世纪 70 年代以前，人们把环境管理仅仅看作以技术措施处理由生产发展带来的污染问题。1972 年，联合国在斯德哥尔摩举行了第一次人类环境会议。此后，越来越多的国家开始认识到：环境管理不仅是一个技术问题，更重要的是一个社会经济问题；不仅要用自然科学的方法去解决污染和生态的破坏，还要用科学的政策、方法以改善环境质量。

环境管理的思想来源于人类对环境问题的认识和实践。经过多年的环境管理实践，人们已经对其基本含义有了比较一致的认识。随着全球环境问题日趋严峻，国内外学者对环境管理的认识也在不断深化。根据国内外学者的研究成果，要比较全面地理解环境管理的含义，必须注意以下几个基本问题：

第一，协调发展与环境的关系。建立可持续发展的经济体系、社会体系和保持与之相适应的可持续利用的资源和环境基础，这是环境管理的根本目标。

第二，动用各种手段限制人类损害环境的行为。人在管理活动中扮演着管理者和被管理者的双重角色，具有重要作用。因此，环境管理的实质是要限制人类损害环境的行为。

第三，环境管理和任何管理活动一样，也是一个动态过程。环境管理要适应科学技术、经济等的发展，及时调整管理对策和方法，使人类的经济活动不超过环境的承载能力和自净能力。

第四，环境保护是国际社会共同关注的问题，环境管理需要各国采取协调合作的行动。

2.环境管理的分类

环境管理的根本目标是协调发展与环境的关系，涉及人口、经济、社会资源和环境等重大问题，关系到国民经济的方方面面。按照不同的标准，环境管理可以分为不同类型。

（1）按管理范围分类

按管理范围，环境管理可分为资源环境管理、区域环境管理、专业环境管理等。

①资源环境管理

自然资源是国民经济与社会发展的重要物质基础，分为可耗竭或不可再生资源（如矿产）和不可耗竭或可再生资源（如森林和草原）两大类。随着工业化的推进、人口的增长等，人类对自然资源的巨大需求和大规模的开采及使用导致资源基础的削弱、退化、枯竭。如何以最低的环境成本确保自然资源可持续利用，已成为现代环境管理的重要内容。

资源环境管理的主要内容包括水资源的保护与开发利用、土地资源的管理和可持续开发与保护、矿产资源的合理开发利用与保护、草地资源的开发利用与保护、生物多样性保护、能源的合理开发利用与保护等。

②区域环境管理

环境问题与自然环境、经济状况有关，存在着明显的区域特征，因地制宜地加强区域环境管理是管理的基本原则。如何根据区域自然资源和社会、经济的具体情况，选择有利于环境的发展模式，建立新的社会、经济、生态环境系统，是区域环境管理的主要任务。区域环境管理的主要内容包括城市环境管理流域环境管理、地区环境管理、海洋环境管理、自然保护区建设和管理、风沙区生态建设和管理等。

③专业环境管理

不同的经济领域会产生不同的环境问题。不同的环境要素往往涉及不同的专业领域。有针对性地加强专业化管理，是现代科学管理的基本原则。如何根据行业和污染因子（或环境要素）的特点，调整经济结构的布局，开展清洁生产和生产环境标志产品，推广有利于环境的实用技术，提高污染防治和生态恢复工程及设施的技术水平，加强和改善专业管理，是环境管理的重要内容。

按照行业划分，专业环境管理可分为工业、农业、交通运输业、商业、建筑业等管理。按照环境要素划分，专业环境管理可分为大气、水、固体废弃物、噪声等管理。

（2）按管理性质分类

按管理性质，环境管理可分为环境计划管理、环境质量管理和环境技术管理。

①环境计划管理

计划是为实现一定目标而拟定的科学预计和判定未来的行动方案。计划主要包括两项基本活动，即确立目标和决定实现这些目标的实施方案。计划能促进和保证管理人员在管理活动中进行有效的管理，计划是管理的首要职能。环境计划管理的主要任务是制定、执行、检查和调整各部门、各行业、各区域的环境规划，使之成为整个社会经济发展规划的重要组成部分。

②环境质量管理

保护和改善环境质量是环境管理的中心任务，环境质量管理是环境管理的核心内容。质量管理是指组织必要的人力和其他资源去执行既定的计划，并将计划完成情况和计划目标相对照，采取措施纠正计划执行中的偏差，以确保计划目标的实现。环境质量管理是环境管理的组织职能和控制职能的重要体现。为落实环境规划，保护和改善环境质量而进行的各项活动，如调查、监测、评价、检查、交流、研究等都是环境质量管理的重要内容。

③环境技术管理

要想搞好环境管理，相关部门需要综合运用法治、行政、经济等手段，培养高素质的管理人才，并采用先进的管理手段，不断完善组织机构，形成协调管理的机制。环境技术管理是一种综合性的管理方法，通过技术手段和管理手段，对环境进行监测、评估、预测和控制，以达到环境保护和可持续发展的目标。

各类环境管理的内容是相互交叉、相互渗透的，如资源环境管理中又包括环境计划管理、环境质量管理和环境技术管理的部分内容。所以说，现代环境管理是一个涉及多种因素的综合管理系统。

（二）城市环境管理

1.城市环境管理的内涵

所谓城市环境管理，就是运用经济、法律、技术、行政、教育等手段，限制人类损害环境的行为，积极营造良好的城市环境，协调城市经济发展与环境系统的关系，达到既发展经济，满足人们的物质需要，又不超出环境容量极限的管理活动。

城市是人类与环境结合起来的空间地域系统，在人类-环境系统中，人是主导的一方。所以，环境管理的实质，是影响人的行为，使人类对环境资源进行最优化利用，以使人类的一切基本需要得到满足，而又不超过环境的容许极限。

城市环境管理的核心问题，是遵循生态规律和经济规律，正确处理城市发展与生态环境的关系。

城市环境在特定的时空中存在三种状态：第一，最佳状态——城市环境的优化、理想化；第二，中等状态——城市环境的正常化、一般化；第三，最劣状态——城市环境的劣化、污染化。

城市环境保护和管理的最终目标就是使环境达到最佳状态。

2.城市环境管理的内容

（1）污染物浓度指标管理

污染物控制指标管理又称污染物浓度指标管理，是指根据国家、地方、行业制定的污染物排放标准控制污染物的排放。

污染物控制指标一般分为三类：

一是综合指标，一般包括污染物的产生量、产生频率等。例如：在水环境中，综合指标可以是丰水期、平水期、枯水期的污水排放量；在大气环境中，综合指标可以是冬季或夏季主导风向下的烟尘排放量、最大飘移距离等。

二是类型指标，一般分为化学污染指标、生态污染指标和物理污染指标三种。各类指标都是单项指标的集合。

三是单项指标，一般有多种。任何一种物质如果在环境中的含量超过一定限度，就会导致环境质量的恶化，那么它就可以作为一种环境污染单项指标。在水环境中，常用的单项指标有 pH 值、水温、色度、臭味、溶解氧、生化需氧量、化学需氧量、挥发酚类等；在大气环境中，常用的单项指标有气温、颗粒物、二氧化硫、氮氧化物、一氧化碳等。

污染物控制指标管理和排污收费制度相结合，是我国城市环境管理的重要内容。这种管理方法对于控制环境污染、保护环境资源起到了很大的作用。但随着技术进步和社会的发展，也暴露出一些问题：

第一，以污染物的排放浓度为控制对象，只控制了从污染源排出的污染物浓度，而忽略了污染物的流量，势必会造成环境中污染物的总量不断增加，不利于城市环境质量的提高。

第二，为了满足浓度排放标准要求，各超标排污单位或机构都会采取一定的污染物控制措施，但在分散治理的情况，规模效益难以保证。

（2）污染物总量指标管理

所谓污染物总量管理，是在污染严重、污染源集中的区域或重点保护的区域范围内，通过有效的措施，把排入这一区域的污染负荷总量控制在一定数量之内，降低排入区域的污染负荷总量，改善环境质量，使其达到预定的环境目标的一种控制手段。总量控制和浓度控制是环境保护的两种控制污染物排放的手段。我国根据不同的行业特点，制定了一系列的废气、废水排放标准。我国企业排放的废气和废水中各种污染物的浓度不得超过国家规定的限值。但即使所有的企业都达到了排放标准，环境质量也有可能不达标。

实践证明，单纯控制污染物的排放浓度显然是不够的，控制污染物的排放总量也是很有必要的。相关部门可根据环境质量的要求，确定所能接纳的污染物总量，将总量分解到各个污染源，以保证环境质量达标。单方面控制总量也是不行的，高浓度的污染物质在短时间内排放，也会对环境产生巨大的冲击。因此，应提倡总量和浓度双控制，既要控制污染源的排放总量，又要控制其排放浓度。

（3）城市环境综合整治

城市环境综合整治是指在政府的统一领导下，以城市生态理论为指导，以发挥城市综合功能和整体最佳效益为前提，采用系统分析的方法，从总体上找出制约和影响城市环境的综合因素，理顺经济建设、城市建设和环境建设相互依存又相互制约的辩证关系，用综合性的对策整治、调控、保护和塑造城市环境，为城市人民群众创建一个适宜的生态环境，使城市生态系统实现良性发展。城市环境综合整治的重点是控制水体、大气、固体废物和噪声污染。

下面，笔者重点介绍城市大气污染综合整治、城市污水综合整治、城市固体废物综合整治。

①城市大气污染综合整治

城市大气污染综合整治是综合运用各种防治方法控制区域大气污染的措施。地区性污染和广域污染是由多种污染源造成的，并受该地区的地形、气象、绿化面积、能源结构、工业结构、工业布局、建筑布局、交通管理、人口密度等多种因素的综合影响。大气污染物，往往难以集中起来统一处理，并且只靠单一措施往往难以解决某一区域的大气污染问题。实践证明，在一个特定区域内，把大气环境看作一个整体，统一规划能源结构、工业发展、城市建设布局等，综合运用各种防治技术、措施，合理利用环境的自净能力，才有可能有效地控制大气污染。

大气污染问题防治技术、措施主要有以下几点：

第一，减少或防止污染物的排放。相关部门可积极进行能源结构改革，鼓励企业采用无污染和低污染能源，或对燃料进行预处理以减少燃烧时产生的污染物；引导企业改进燃烧装置和燃烧技术，以提高燃烧效率和降低有毒有害气体排放量；引导企业节约能源和开展资源综合利用，加强管理，减少事故性排放，及时清理、处置废渣，减少地面粉尘；等等。

第二，治理排放的主要污染物。政府相关部门可引导企业用各种除尘设备去除烟尘和工业粉尘，用吸收塔处理有害气体，从而治理排放的主要污染物，使有害气体无害化。

第三，控制机动车尾气污染。政府相关部门应积极开展机动车尾气排放的初检、年检和抽查检测工作，对不符合尾气排放标准的机动车，不予核发车辆牌照、年检合格证或暂扣机动车行驶证，责令限期治理；严格执行国家机动车辆报废标准；等等。

第四，充分利用植物净化。植物净化是植物通过代谢作用（异化作用和同化作用）使进入环境中的污染物质无害化，包括陆生植物对大气污染的净化以及水生植物对水体污染物的净化作用等。植物净化大气主要通过叶片吸收大气中的污染物质，减少大气中的污染物质含量。此外，植物还能使某些污染物质在体内分解、转化为非污染物质。

第五，利用大气自净能力。大气自净是指大气中的污染物由于自然过程，从大气中除去或浓度降低的过程或现象。例如，排入大气的一氧化碳，经稀释扩散，浓度降低，再经氧化变为二氧化碳，二氧化碳被绿色植物吸收后，空气成分恢复到原来的状态。大气自净能力与当地气象条件、污染物排放总量及城市布局等因素有关。

②城市污水综合整治

随着城市的发展，城市生活污水、工业废水不断增加，加上经济、技术和能源等方面的限制，单一的处理污水方法已不能从根本上解决污染问题，因此，进行城市污水综合整治是很有必要的。要想做好城市污水综合整治工作，就要综合利用人工处理和自然净化、无害化处理和综合利用、工业循环用水和区域循环用水、无废水生产工艺等措施。城市污水综合整治的策略主要有以下几点：

第一，减少废水和污染物排放量。要想减少废水和污染物排放量，应规定用水定额，提倡重复利用废水，推进废水处理后再利用，积极发展不用水或少用水的工艺等。

第二，综合考虑水资源规划、水体用途、经济投资和自然净化能力等，运用系统工程，对水污染控制进行系统优化。

第三，相关部门要对城市取水、用水、排水及水的再利用等各环节进行系统的综合分析，根据城市的性质、特征和水文地质条件等，从宏观上确定城市水污染综合整治的方向和重点，从而制定具体的城市污水综合整治措施。

③城市固体废物综合整治

所谓固体废物只是相对而言的，即在特定过程或在某一方面没有使用价值，而并非在全过程或所有方面都没有使用价值。某一过程的废物可能会成为另一个过程的原料，所以有人形容固体废物是放错位置的资源。

固体废物可以分为一般工业固体废物、有毒有害固体废物、城市垃圾及农业固体废物。目前，我国固体废物的产生量、堆放量增长很快，固体废物污染已成为许多城市环境污染的主要因素之一。一些发达国家在控制住大气污染和水污染后，开始把重点转向固体废物污染的防治。在今后一段时间内，我国会越来越重视固体废物的综合整治。制定固体废物综合整治规划是为控制和解决固体废物污染的重要手段之一。固体废物来源广且成分复杂，是城市环境污染综合整治的一个难点。在研究编制城市环境保护规划时，相关部门要考虑减少固体废物的产生量，尽可能利用固体废物。

二、城市污水处理在城市环境管理中的作用

（一）有助于提升城市环境质量

在城市环境管理中，城市污水处理有助于提升城市环境质量主要体现在以下两点：

1.改善水体水质

城市水体是城市生态系统的重要组成部分，其水质状况直接影响城市的生态环境和居民的健康。随着城市的快速发展，工业废水、生活污水等大量排放，导致许多城市水体受到严重污染，水质恶化。污水处理作为水体净化的重要手段，可以通过物理、化学、生物等多种方法去除污水中的有害物质，使其达到排放标准或回用标准，从而显著改善水体水质。

具体而言，污水处理能够去除污水中的悬浮物、有机物、重金属等有毒有害物质，减少水体富营养化现象的发生，防止藻类过度繁殖导致的水质恶化。此外，污水处理有助于改善水体水质，为城市水资源的循环利用提供有力保障，有助于城市环境管理工作的开展。

2.减少环境污染源

污水是造成城市环境污染的主要因素之一。未经处理的污水直接排放到环境中，会对土壤、地下水、河流、湖泊等造成严重污染，破坏生态平衡，影响生物多样性。此外，污水中的有害物质还可能通过食物链进入人体，对人类健康构成威胁。可以说，污水处理是减少环境污染源、保护生态环境的重要措施，也是推进城市环境管理的有力手段。

相关部门可建设完善的污水处理设施，对污水进行集中处理，从而有效控制水中的污染物，降低污染物浓度，减少对环境的污染。此外，污水处理过程中产生的污泥等废弃物，经过适当处理可被合理利用。这样一来，污水处理不仅切断了污染物进入自然环境的路径，还通过后续处理实现了废弃物的资源化

利用，可以达到减少环境污染源、保护生态环境的目的。

（二）有助于城市可持续发展

在城市环境管理中，城市污水处理有助于城市可持续发展主要体现在以下两点：

1.促进水资源循环利用

众所周知，水是生命之源，是人类文明的基础，是基础性的自然资源和战略性的经济资源，也是生态与环境的控制性要素。然而，随着人口的增长和经济的发展，水资源短缺问题日益严峻。污水处理是水资源循环利用的重要环节，处理达标的污水可用于农业灌溉、工业冷却、城市绿化等多个领域，从而有效缓解水资源短缺问题。

此外，相关部门还可以建设城市再生水利用系统，将处理后的污水通过管道输送至各个用水点进行回用。这样不仅实现了水资源的循环利用，还提高了水资源的利用效率，为城市的可持续发展提供了有力支撑。

2.有助于生态环境保护和改善

污水处理在改善水体水质、减少环境污染源的同时，也为生态环境的保护和改善提供了重要支持。污水处理，可以去除污水中的有害物质和污染物，减轻生态环境的压力。同时，处理后的污水还可以作为生态补水的重要来源，为湿地、河流、湖泊等自然水体提供稳定的水源补给。这有助于生态环境的保护和改善。

自然环境是人们生存和发展的重要物质基础，城市生态环境的保护和改善是一项周期长、投入大、见效慢的工作。因此，相关部门以及广大的人民群众必须充分重视，共同参与，对水污染问题进行根本的治理，坚持党的领导，积极响应政府出台的各项环保措施，为人民群众创造更为优质的居住环境。

污水处理是实现城市可持续发展的重要环节，关乎人民生活水平和经济社会发展。相关部门通过合理的污水处理手段，能够保护环境，提升水资源利用效率，加强城市环境管理，进而促进城市可持续发展。

三、基于城市污水处理的城市环境管理措施

基于城市污水处理的城市环境管理措施，主要有以下几点：

（一）建立跨部门协作机制

面对复杂多变的城市环境管理问题，单一部门的力量往往难以应对。因此，建立跨部门协作机制，实现资源共享、信息互通、协同作战，是提升管理效能的关键。在污水处理领域，这一机制尤为重要。

首先，应明确各相关部门的职责与权限，形成清晰的管理边界。环保、水利、市政、建设等多个部门应共同参与污水处理的规划、建设、运营与监管等各个环节，制定详细的合作协议或工作方案，明确各自的职责分工与协作方式，确保各项工作有序推进。

其次，建立定期沟通及协调机制。环保、水利、市政、建设等多个部门可以设立联席会议制度，定期召开会议，通报工作进展，研究、解决存在的问题，共同推进污水处理的各项工作。此外，还可以建立信息共享平台，实现各部门之间信息的实时传递与共享，提高管理效率。

最后，强化协作效果评估与反馈。环保、水利、市政、建设等多个部门要定期对跨部门协作的效果进行评估，总结经验教训，及时调整协作策略与方式。环保、水利、市政、建设等多个部门还要建立反馈机制，相互监督、相互促进，共同推进污水处理工作。

（二）强化监管与执法力度

强化监管与执法力度是确保污水处理设施正常运行、防止环境污染的重要措施。因此，强化监管与执法力度是很有必要的。

强化监管与执法力度，应注意以下几点：

第一，完善监管体系。环保等部门应建立健全污水处理设施运行监管机制，对设施的运行状况、出水水质等进行实时监测与评估。此外，还要加强对排污企业的监管力度，确保排污企业按照规定排放污水。对于违法排污行为，环保等部门要依法严惩，以形成有效的震慑作用。

第二，加强执法队伍建设。环保等部门要加强执法队伍建设，努力提高执法人员的专业素养和执法能力，加强对执法装备与技术的投入，确保执法工作的高效、准确与公正。此外，环保、水利、市政等部门应建立健全执法监督机制，对执法行为进行严格监督与考核。

（三）推动污水处理设施智能化改造

随着信息技术的快速发展，智能化已成为污水处理设施改造的重要方向。通过智能化改造，污水处理厂、排污企业等可实现对污水处理设施运行状态的实时监测、远程控制与智能调度等，提高设施的运行效率与管理水平。

污水处理厂、排污企业等可以引入物联网、大数据、云计算等现代信息技术手段，对污水处理设施进行智能化改造。污水处理厂、排污企业等可安装传感器、数据采集器等设备，实时监测设施的运行参数，如进出水水质、水量、能耗等；利用大数据分析技术，对监测数据进行深入挖掘与分析，发现潜在的问题与风险；通过云计算平台实现数据的远程传输与共享；等等。此外，开发智能化的控制系统与调度平台也是不错的选择。

（四）促进环境监测与预警系统建设

环境监测与预警系统是保障城市环境质量的重要手段。通过建设完善的环境监测网络与预警系统，环保等部门可以实现对城市环境质量的全面监测与及时预警，为环境管理提供科学依据。

在污水处理领域，环保等部门应重点加强水体环境的监测与预警工作。例如，环保等部门可以依托现有的水质监测站点与网络布局，扩展监测范围，增加监测频次；引入先进的监测技术与设备，如自动监测站、无人机监测等，提高监测精度与效率；建立完善的水质数据库与信息共享平台，从而实现监测数据的实时传输与共享。

此外，建立健全预警机制与应急响应体系也是很有必要的。相关部门可根据监测数据的变化趋势与规律制定科学的预警标准，以在出现异常情况时及时发布预警信息并启动应急响应程序，及时组织相关力量进行应急处置与救援工作，从而减少环境污染，促进城市环境管理。

第三节　城市污水处理设施建设

《环境基础设施建设水平提升行动（2023—2025年）》指出“生活污水收集处理及资源化利用设施建设水平提升行动”是环境基础设施建设水平提升行动的重点任务之一，并指出了具体任务：“加快建设城中村、老旧城区、城乡结[接]合部、县城和易地扶贫搬迁安置区生活污水收集管网，填补污水收集管网空白区。开展老旧破损污水管网、雨污合流制管网诊断修复更新，循序推进管网改造，提升污水收集效能。因地制宜稳步推进雨污分流改造，统筹推进污水处理、黑臭水体整治和内涝治理。加快补齐城市和县城污水处理能力缺口，稳步推进建制镇污水处理设施建设。结合现有污水处理设施提标升级扩能改造，加强再生利用设施建设，推进污水资源化利用。推进污水处理减污降碳协同增效，建设污水处理绿色低碳标杆厂。统筹推进污泥处理设施建设，加快压减污泥填埋规模，提升污泥无害化处理和资源化利用水平。强化设施运行维护，推广实施‘厂—网—河（湖）’一体化专业化运行维护。”

一、城市污水处理设施建设的重要性

城市环境基础设施是城市基础设施的重要组成部分，尤其是污水处理设施，是深入打好污染防治攻坚战、改善生态环境质量、增进民生福祉的基础保障。

（一）有助于提高污水处理能力

污水处理设施是城市环境保护体系的重要组成部分，其核心功能在于为城市提供强大的污水处理能力。随着城市人口的增长和工业化进程的加快，生活污水和工业废水的排放量急剧增加，对城市水环境构成了严峻挑战。如果没有足够的污水处理能力，这些污水将直接排入河流、湖泊等自然水体，导致水质恶化、生态破坏，进而威胁到城市居民的健康。

因此，建设完善的污水处理设施，采用先进的处理技术和工艺，对污水进行高效的净化处理，是保障城市水环境安全、维护生态平衡的关键。这不仅要求城市环境基础设施具备一定规模，还要求其具有一定的水平。

（二）有助于保障城市水环境安全

城市水环境安全是城市可持续发展的重要基础。污水处理设施通过有效处理污水，可减少自然水体的污染负荷，保护水资源的清洁，保障城市水环境安全。此外，回收利用处理后的污水，还可以为城市提供新的水资源来源，缓解水资源短缺问题。这种“减量、降污、增容”的污水处理模式，对于保障城市水环境安全、促进水资源循环利用具有重要意义。

此外，建设污水处理设施，有助于应对突发环境事件。若发生水污染事故，借助污水处理设施，相关部门能够迅速启动应急处理机制，对受污染水体进行紧急处理，防止污染扩散，维护城市环境稳定，保障公众的生命财产安全。

（三）有助于提升城市竞争力

完善的污水处理设施是城市现代化水平的重要标志之一。若一个城市拥有高效、先进的污水处理系统，不仅能够有效提高自身的环境质量、提升居民的生活品质，还能够增强竞争力。

在全球化竞争日益激烈的今天，城市环境质量已成为吸引投资、吸引人才的重要因素之一。因此，加强污水处理设施建设，提升城市环境质量，对于提高城市综合竞争力、促进经济社会发展具有重要意义。

此外，完善的污水处理设施还能够为城市创造更多的经济价值。通过回收利用处理后的污水资源，相关企业可以降低生产成本、提高经济效益。污水处理相关的绿色产业和环保产业的发展，有助于培育新的经济增长点，有助于推动产业结构优化升级。这些都将为城市的可持续发展注入新的活力。

（四）有助于推动绿色产业发展

污水处理设施建设与绿色产业发展密切相关。一方面，污水处理过程中产生的污泥等废弃物可以通过资源化利用技术转化为肥料、建材等有用产品；另一方面，污水处理技术的研发和应用也有助于绿色产业的发展。这些都将推动绿色产业的发展壮大，为城市经济注入新的活力。

城市可根据自身情况，依托污水处理设施建设，培育和发展一批具有自主知识产权和核心竞争力的绿色企业和科研机构。它们注重技术创新和产品研发，可以推动污水处理技术的不断进步和升级，进而促进绿色产业的快速发展和壮大。这将有助于形成绿色、低碳、循环的经济发展模式，从而推动城市的可持续发展。

二、城市污水处理设施建设的主要内容

（一）污水处理设施建设

污水处理设施建设主要包括新建与扩建污水处理厂、深度处理与回用设施建设等内容。

1.新建与扩建污水处理厂

随着城市化进程的加快，城市污水产生量持续攀升，对污水处理能力提出了更高要求。因此，新建与扩建污水处理厂成为城市环境基础设施建设的重要任务之一。

新建与扩建污水处理厂，应注意以下几点：

（1）注重科学规划、合理布局

在新建与扩建污水处理厂时，相关部门须遵循科学规划、合理布局的原则。在污水处理厂选址时，应充分考虑城市总体规划、水资源分布、环境保护要求以及土地利用现状等，确保污水处理厂能够高效运行且对环境影响最小。此外，还应根据城市污水排放量及增长趋势，合理确定污水处理厂的规模和建设时序，避免资源浪费和重复建设。

（2）注重先进技术的应用

在建设污水处理厂时，相关部门应积极采用先进、成熟的处理技术和工艺。相关部门可选择高效、稳定、节能、环保的先进技术，以有效去除污水中的污染物质，确保出水水质达到国家或地方制定的排放标准。此外，相关部门还应注重技术创新和研发，推动污水处理技术不断进步和升级。

（3）注重配套设施的完善

除了主体污水处理设施，污水处理厂还须配套完善的辅助设施，如污泥处理处置系统、除臭系统、在线监测系统等，以保障污水处理厂的稳定运行；还应合理规划进厂道路、排水管网等基础设施，确保污水能够顺畅收集并输送至

处理厂进行处理。

对于已建成的污水处理厂，应根据城市污水排放量的变化、出水水质标准的提高等适时进行扩建与升级。污水处理厂的扩建，应充分考虑现有设施的利用和衔接问题，避免重复建设和资源浪费。污水处理厂的升级，应注重提升处理效率、降低能耗和物耗、提高出水水质等，确保污水处理厂能够适应城市发展的需求。

2.污水深度处理与回用设施建设

在污水处理的基础上，进一步实施深度处理并推动污水回用是提升水资源利用效率、缓解水资源短缺问题的重要途径。因此，建设污水深度处理与回用设施是城市环境基础设施建设的又一重要内容。

深度处理技术种类繁多，包括混凝沉淀、过滤、吸附、膜分离等技术。在选择深度处理技术时，相关部门应根据原水水质、处理要求以及经济性等因素进行综合考虑。此外，还应注重技术的成熟度和可靠性，确保深度处理设施能够稳定运行并取得预期的处理效果。

构建完善的污水回用系统也是很有必要的。构建完善的污水回用系统，要注重回用水质标准的制定、回用水管网的建设以及回用水的安全监管等方面。关于回用水质标准，相关部门应根据回用对象的需求进行确定。对于回用水管网的建设，相关部门应充分考虑城市供水管网的布局、现状等，确保回用水能够顺畅输送至用户端。此外，还应加强回用水的安全监管工作，防止回用水对环境和人体健康产生不利影响。

为了推动深度处理与回用设施的建设，政府相关部门可以通过出台优惠政策、提供财政补贴、减免税收等方式降低建设成本；同时还可以通过制定回用水价格政策、实施节水奖励机制等鼓励企业和居民积极使用回用水资源。

污水深度处理与回用设施的建设和运营离不开社会各界的广泛参与和支持。政府相关部门应积极引导社会组织和公众参与到污水深度处理和回用设施建设中来，共同推动城市环境基础设施的建设。政府相关部门还应加强宣传教育工作，通过举办展览、讲座等活动形式普及相关知识，提高公众对污水深度处理和回用的认识，营造良好的社会氛围和舆论环境，从而更好地推动污水深度处理和回用事业的发展。

（二）污水收集与输送系统建设

污水收集与输送系统建设主要包括污水管网建设与改造、泵站与调节池建设等内容。

1.污水管网建设与改造

污水管网是污水收集与输送系统的重要组成部分，其建设质量直接关系到污水收集效率和处理效果。因此，加强污水管网的建设与改造，是提升城市污水处理能力的重要措施之一。

污水管网建设与改造，应注意以下几点：

（1）科学规划与设计

污水管网的规划与设计应紧密结合城市总体规划，充分考虑城市地形地貌、道路布局、建筑分布等因素，确保管网布局合理、覆盖全面。在设计过程中，相关部门应根据污水流量、水质特点等因素，合理确定管径、坡度等参数及管材，以保证污水能够顺畅、高效地输送至污水处理厂。同时，还应注重管网的冗余设计，以提高其可靠性和抗灾能力。

（2）注重老旧管网改造

对于城市中存在的老旧、破损的污水管网，应及时进行改造升级。这些老旧管网往往存在渗漏、堵塞等问题，不仅影响污水收集与输送的效率，还可能对地下水造成污染。对于老旧管网的改造，相关部门应首先彻底排查管网现状，明确改造范围和重点；然后采用合适的材料、技术进行修复或重建，提高管网的承载能力和使用寿命；同时加强管网维护管理，确保改造效果得到持续发挥。

（3）积极推进雨污分流改造

雨污分流是提升污水收集效率、减轻污水处理厂负担的有效手段。在污水管网建设与改造过程中，应积极推进雨污分流改造。建设独立的雨水排放系统和污水收集系统，有助于实现雨水与污水的彻底分离，这不仅可以减少雨水对污水管网的冲击和污染负荷，还可以提高污水收集的浓度和稳定性，为后续处理提供更有利条件。

（4）引入智能化管理

随着信息技术的快速发展，智能化管理对污水管网建设具有较大的积极影响。相关部门可借助物联网、大数据、云计算等先进技术实现对污水管网的实时监测、预警和调度。例如，在管网关键节点安装传感器等设备，实时监测流量、水质等参数；利用大数据分析技术，预测管网运行状况和风险隐患；借助云计算平台，实现远程监控和智能调度等。引入智能化管理，可以大大提高污水管网的运行效率、效果。

2.泵站与调节池建设

泵站与调节池是污水收集与输送系统中不可或缺的重要设施。它们能够调节污水流量、提升污水水位，确保污水顺利输送至污水处理厂。

泵站的建设应根据污水流量、扬程等参数进行合理设计。在选址时，相关单位应充分考虑地形地貌、交通条件等因素，确保泵站能够方便接入污水管网并顺利排放污水。关于泵站内部设备的选择，应选择先进可靠、运行稳定的设备。此外，应优选用智能化、自动化程度高的控制系统。相关单位应做好泵站的日常维护和保养工作，确保设备处于良好的运行状态。在泵站运行过程中，还应注意节能减排和环境保护问题，尽量采用低能耗、低噪声的设备，以减少对环境的影响。

调节池主要用于调节污水流量和减轻水质波动对后续处理工艺的影响。在污水处理厂前设置调节池，可以平衡污水流量峰值和谷值之间的差异。在雨季，调节池还可以起到储存雨水的作用，以减轻雨水对污水管网的冲击。调节池的设计应充分考虑其容量、形状、进出水方式等。相关单位应加强调节池的日常管理和维护工作，防止池内污水变质或产生有害气体等。为了进一步提高调节池的利用效率和环保性能，相关单位还应考虑采用新型污水处理技术等，适时对调节池进行改造升级。

三、城市污水处理设施建设的注意事项

在推进城市环境基础设施建设过程中，确立科学、合理的建设原则与标准，是确保项目顺利实施、实现预期目标的关键所在。这些原则与标准不仅关乎基础设施的功能、经济性和可持续性等，还直接影响城市整体环境的提高和居民生活质量的提升。污水处理设施建设是城市环境基础设施建设的重要内容。城市环境基础设施建设中污水处理设施建设的注意事项主要有以下几点：

（一）要符合城市总体规划

城市总体规划是指城市人民政府依据国民经济和社会发展规划以及当地的自然环境、资源条件、历史情况、现状特点，统筹兼顾、综合部署，为确定城市的规模和发展方向，实现城市的经济和社会发展目标，合理利用城市土地，协调城市空间布局等所做的一定期限内的综合部署和具体安排。城市总体规划要因地制宜、合理地安排和组织城市各建设项目，采取适当的城市布局结构，并落实在土地的划分上；要妥善处理中心城市与周围地区及城镇的生产与生活、局部与整体、新建与改建、当前与长远、需要与可能等关系，使城市建设与社会经济的发展方向、步骤、内容相协调，取得经济效益、社会效益和环境效益的统一；要注意城市景观的布局，体现城市特色。

城市总体规划是指导城市各项建设活动的纲领性文件，它明确了城市的发展目标、空间布局、功能分区等。因此，污水处理设施建设，必须严格遵循城市总体规划的要求，确保各项建设活动与城市发展方向相协调、相衔接。

污水处理设施建设是城市总体规划的一部分，也是城市基础设施的重要组成部分，因此污水处理设施建设要符合城市总体规划。政府相关部门在规划编制阶段，要充分考虑污水处理设施的需求与布局，预留足够的用地空间，避免后续建设的盲目性和随意性。

（二）与城市其他基础设施相协调

污水处理设施建设应与城市其他基础设施相协调。相关部门可通过优化资源配置和设施布局，提高城市基础设施的整体效能和协同作用。

污水处理设施建设，在选址、设计、施工等环节中，都应充分考虑环境保护因素，减少对自然生态的干扰和破坏。污水处理厂等可采用先进的环保技术、措施等，实现污水处理的资源化、无害化和减量化等目标。

（三）要满足实际需求与长远发展

污水处理设施建设不仅要满足城市当前的实际需求，还要充分考虑城市长远发展的需求。这要求在建设过程中，坚持需求导向和前瞻性思维，确保污水处理设施的适应性和可扩展性。

首先，要准确把握城市污水处理的实际需求。这需要对城市污水排放情况进行全面调查和分析，了解污水排放量、水质特点、排放规律等信息；然后根据这些信息，合理确定污水处理设施的规模、处理工艺和路线等；还要充分考虑城市人口增长、产业结构调整等对污水处理需求的影响，预留一定的处理能力余量以应对未来需求的变化。

其次，要注重污水处理设施的未来运用。在污水处理建设过程中，要充分考虑污水处理技术进步和产业升级的趋势，选择具有先进性、可靠性和可扩展性的污水处理技术和设备；还要注重污水处理设施的维护和升级，确保设施能够长期稳定运行并适应未来技术发展的要求。

最后，要推动污水处理设施与城市发展的深度融合。污水处理设施要与城市建设、产业发展、生态保护等各个方面相协调、相促进。政府相关部门可通过加强政策引导、给予一定资金支持等，推动污水处理设施与城市发展的良性互动和共赢发展。

（四）选用成熟可靠的技术

在建设城市污水处理设施时，要注重技术先进性与经济合理性的平衡，这是建设成功的关键。建设者不仅要追求技术的先进性和创新性，以确保处理效果的高效与稳定；同时也要严格控制建设成本，提高投资效益，实现技术与经济的双赢。

技术的选择直接关系到污水处理设施的处理效果、运行稳定性和维护成本等。因此，在选用技术时，建设者应优先考虑那些经过实践验证、成熟可靠的技术。应用这些技术，污水处理设施不仅具有较高的处理效率，还会具备较低的故障率、较长的使用寿命和较低的运行维护成本。

具体而言，成熟的污水处理技术包括但不限于活性污泥法、生物膜法等。这些技术各有优缺点，但均已在国内外多个项目中成功应用。在选择具体技术时，相关人员应根据项目的实际情况，如污水水质、水量、排放标准以及地理位置等因素进行综合考虑，选择最适合的方案；同时还应关注污水处理技术的发展，适时更新技术。

随着科技的不断进步，新的污水处理技术不断涌现，如高级氧化技术、膜分离技术、生物强化技术等。这些新技术在污水处理效果、能耗等方面具有显著优势，污水处理厂等可根据自己的需要适时选用新技术。

（五）控制建设成本，提高投资效益

经济性是污水处理设施建设不可忽视的重要方面，在追求技术先进性的同时，必须严格控制建设成本，确保项目的投资效益。这要求建设者从项目规划、设计、施工到运营的各个阶段都进行精细化的成本控制。

在项目规划阶段，相关人员应充分考虑项目的实际需求与长远发展，避免盲目追求规模扩张而导致资源浪费。在设计阶段，相关人员应通过优化设计方案，选用经济合理的材料和设备等，降低建设成本。在施工阶段，相关人员应加强施工管理，确保工程质量和进度的同时，控制施工成本，减少浪费。在运

营阶段，相关人员应优化运行管理策略，提高设施的运行效率和稳定性，降低能耗和维护成本。此外，还可以通过引入市场机制、吸引社会资本参与等方式，控制建设成本，提高投资效益。

（六）注重环保，节能减排

随着全球环境问题日益严峻，环保和节能减排已成为城市环境基础设施建设的重要目标。因此，污水处理设施的建设和运营，必须注重环保和节能减排工作，以推动城市环境的可持续发展。

污水处理设施的建设可能对环境造成一定影响。因此，在建设过程中，相关人员必须采取有效措施减少环境污染。首先，应合理选址，避免在生态敏感区域或人口密集区域建设污水处理设施。其次，应严格控制施工过程中的噪声、扬尘和废水排放等，确保施工活动不对周边环境造成负面影响。最后，应加强施工人员的环保意识教育和管理，确保施工活动符合环保要求。

污水处理设施的运行效率、能耗排放水平等直接关系到其环保性能。因此，在设施的运行过程中，相关单位应采取有效措施提高运行效率，降低能耗与排放。首先，应优化处理工艺、运行参数以提高处理效率和出水水质。例如，调整曝气量、回流比等参数，优化活性污泥法的处理效果；控制膜通量、清洗周期等，提高膜分离技术的处理效果等。其次，应推广使用节能降耗的技术和设备以降低运行成本。例如，采用高效节能的泵和风机等设备，减少电能消耗；采用太阳能、风能等可再生能源，降低对化石能源的依赖等。最后，还应加强设施的日常维护和保养工作以确保其长期稳定运行并保持良好的环保性能。例如，相关人员应定期对设施进行检查、清洗，及时发现并解决潜在问题，避免故障发生，并延长设施使用寿命；同时，还可以通过技术改造和升级等方式，提高设施的环保性能和处理效率，以满足日益严格的环保要求。

参考文献

[1] 白熠唯. 中澳城市生活污水标准对比及技术应用研究[D]. 西安：西安建筑科技大学，2023.

[2] 曹甜甜. 我国西南片区城市水生态环境问题解析及综合整治对策研究[D]. 北京：北京林业大学，2023.

[3] 曹亚锋. 谈城市污水处理对环境保护工程重要性探析[J]. 清洗世界，2022，38（8）：76-78.

[4] 陈小玲. 城市污水处理在环境保护工程中的重要性分析[J]. 农家参谋，2018（12）：203.

[5] 陈永玲. 城市污水处理在环境保护工程中的影响[J]. 清洗世界，2022（9）：143-145.

[6] 戴凌杰. 关于燃煤发电机组掺烧城市污水处理厂污泥工程的环境可行性及生态环境保护的探讨——以马鞍山市为例[J]. 皮革制作与环保科技，2021（14）：83-84.

[7] 翟翠霞. 影响水环境质量的因素分析与水生态环境保护[J]. 资源节约与环保，2020（9）：29-30.

[8] 段宝玲. 城市污泥重金属源解析及生态风险与健康风险评价——以山西省为例[D]. 晋中：山西农业大学，2018.

[9] 高贺. 城市污水处理在环境保护工程中的重要性与方法探析[J]. 皮革制作与环保科技，2021，2（7）：63-64.

[10] 广州市人民政府. 广州市人民政府关于印发广州市“三线一单”生态环境分区管控方案的通知[J]. 广州市人民政府公报，2021（S2）：1-21，23-

232.
[11] 郭乃鑫. 滇池流域水污染防治政策执行偏差及其矫正路径研究[D]. 昆明：云南师范大学，2023.
[12] 何欢. 城市领导干部自然资源资产离任审计研究[D]. 福州：福州大学，2021.
[13] 何娟. 城市污水处理在环境保护工程中的作用及对策[J]. 环境与发展，2020（8）：55-56.
[14] 黄彦镭. 城市环境保护中的污水治理问题与对策[J]. 资源节约与环保，2020（1）：11.
[15] 季亚婷. 城市污水处理对环境保护工程的价值讨论[J]. 环境与发展，2019（2）：227，229.
[16] 贾慕昕. 后三峡时期库区城市人居环境建设评价研究——以丰都、忠县、万州为例[D]. 重庆：重庆大学，2019.
[17] 江浩麟. 西南地区城市水环境污染特征分析及综合整治指导方案研究[D]. 北京：北京林业大学，2020.
[18] 李汉龙. 广东创新推动环保设施向公众开放[J]. 环境教育，2021（4）：30-32.
[19] 李璟. 环境保护中水污染处理技术与再生利用的分析[J]. 中小企业管理与科技，2020（8）：184-185.
[20] 李丽丽. 污水处理与城市环境保护问题研究[J]. 清洗世界，2021（7）：72-73.
[21] 李阳力. 水生态韧性评价与规划研究——以天津市为例[D]. 天津：天津大学，2021.
[22] 李远科. 城市污水处理在环境保护工程中的重要性[J]. 城市建设理论研究（电子版），2017（21）：204-205.
[23] 梁家豪. 我国东北与西北地区城市水环境综合整治对策研究[D]. 北京：北京林业大学，2022.

[24] 梁苑慧. 13-20 世纪昆明城市环境变迁研究[D]. 昆明：云南大学，2020.
[25] 林冰琦. 城市污水处理在环境保护工程中的实施途径研究[J]. 皮革制作与环保科技，2023（11）：68-70，79.
[26] 林联君，蔡学博，白俊伟. 基于生态环保的污水处理技术研究[J]. 区域治理，2019（31）：77-79.
[27] 刘斌. 基于情景设计的水资源承载能力预测与优化研究[D]. 长沙：中南大学，2022.
[28] 刘景勇，张顺. 污水处理对城市环境的影响及在城市环境保护中的意义[J]. 中小企业管理与科技（上旬刊），2018（16）：95-96.
[29] 刘明仁，孙涛，李泽昆，等. 城市污水处理在环境保护工程中的重要性分析[J]. 中国资源综合利用，2019（4）：38-40.
[30] 刘涛，闫霞亮，许帼英. 浅议生态环境保护中污水处理技术的应用[J]. 皮革制作与环保科技，2022（21）：10-12.
[31] 罗婕. 城市污水处理在环境保护工程中的重要性分析[J]. 资源节约与环保，2021（4）：9-10.
[32] 麻占威. 城市污水处理厂剩余污泥处置的资源化利用路径探索[J]. 皮革制作与环保科技，2023（17）：125-126，130.
[33] 孟倚州. 城市污水处理在环境工程中的思考[J]. 资源节约与环保，2019（6）：102.
[34] 彭巾英，伍洋. 环境工程中城市污水处理技术的应用分析[J]. 居舍，2020（7）：56.
[35] 秦成龙，李世涛，俞焘. 城市污水处理在环境保护工程中的作用及措施[J]. 工程建设与设计，2019（20）：123-124.
[36] 史英丽. 基于环境保护的城市污水处理[J]. 中国资源综合利用，2017（4）：28-29，37.
[37] 宋振立. 城市污水处理在环境保护工程中的影响研究[J]. 能源与节能，2021（11）：219-221.

[38] 宋振立. 探究城市环境保护中的污水治理问题与对策[J]. 资源节约与环保，2022（1）：100-103.

[39] 苏玥. 关中平原城市群生态环境与经济发展耦合协调研究[D]. 咸阳：西北农林科技大学，2022.

[40] 隋巧宁. 城市污水处理技术与环境保护措施探究[J]. 科学技术创新，2020（21）：38-39.

[41] 王帆，高原，李闯修. 我国环境工程中污水处理的现状及对策分析[J]. 皮革制作与环保科技，2023（20）：124-125，131.

[42] 王金明，张禄春. 初探城市污水处理在环境保护工程中的重要性[J]. 资源节约与环保，2021（4）：22-23.

[43] 王峥. 我国东南片区城市水生态环境质量提升对策研究[D]. 北京林业大学，2022.

[44] 吴隽雅. 环境公私合作的制度化选择与规范化构造[D]. 武汉：武汉大学，2018.

[45] 吴晓华. 城市生活废水处理及环境保护的影响[J]. 当代化工研究，2022（6）：78-80.

[46] 吴星辰. “贵州新路”有厚重的生态底色[J]. 当代贵州，2020（29）：58-59.

[47] 向世接. 城市污水处理厂超标排放法律责任研究[D]. 重庆：西南政法大学，2020.

[48] 徐琳. 城市污水处理在环境保护工程中的重要性研究[J]. 皮革制作与环保科技，2021（3）：43-44，47.

[49] 许颖. 齐力推动青岛环保设施向公众开放工作[J]. 环境教育，2021（9）：28-29.

[50] 许瑗. 城市污水处理在环境保护工程中的意义探讨[J]. 环渤海经济瞭望，2018（1）：200.

[51] 衣乾宁. 黑龙江省城乡污水治理法律问题研究[D]. 哈尔滨：东北林业大

学，2023.

[52] 曾令武. 我国华北片区城市水生态环境特征问题解析及质量提升对策研究[D]. 北京：北京林业大学，2023.

[53] 曾霞. 新型城镇化进程中的水资源问题研究[D]. 武汉：中南财经政法大学，2018.

[54] 张丽萍. 城市污水处理对环境保护工程的影响研究[J]. 皮革制作与环保科技，2023（7）：89-91.

[55] 张旭. 基于城市污水处理在环境保护工程中的重要性分析[J]. 绿色环保建材，2019（3）：48.

[56] 章良进. 生态环境保护工程中的污水处理问题探析[J]. 中国科学探险，2021（4）：91-93.

[57] 赵陆萍. 城市污水处理在环境保护工程中的重要性分析[J]. 节能与环保，2019（12）：45-46.

[58] 朱磊，柏苏北. 城市污水治理问题与对策分析[J]. 造纸装备及材料，2022（12）：148-150.